Erwin Dee Kord (Hrsg.)

Apennin

Erwin Dee Kord (Hrsg.)

Apennin

Kristall, Tonminerale, Borja, Gebirge, Borkenberge, Börzsöny

Solv

Publisher:
Solv is a trademark of
International Book Market Service Ltd., 17 Rue Meldrum, Beau Bassin, 1713-01 Mauritius
Email: info@bookmarketservice.com
Website: www.bookmarketservice.com

Published in 2012

Printed in: U.S.A., U.K., Germany. This book was not produced in Mauritius.

ISBN: 978-613-9-00787-5

Contents

Articles

References

Apennin

Apennin	
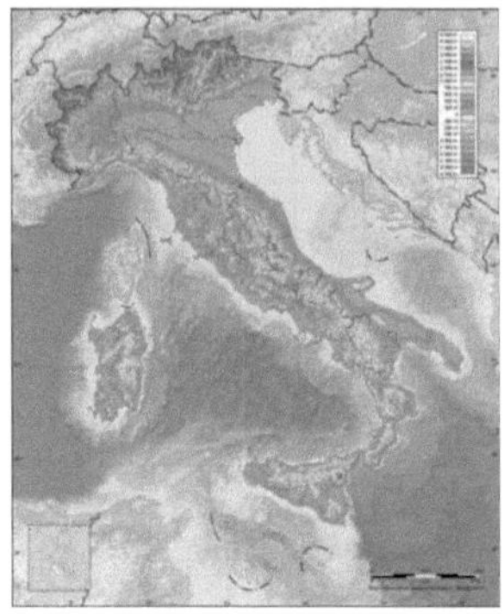 Apenninhalbinsel	
 Apennin aus der Luft betrachtet	
Höchster Gipfel	Corno Grande (2912 m s.l.m.)
Lage	Italien
Koordinaten	42° N, 14° O [1]Koordinaten: 42° N, 14° O [1]
Typ	Faltengebirge
Alter des Gesteins	Alpidische Orogenese

Der **Apennin** (auch *die Apenninen*; italienisch: *gli Appennini*) ist ein rund 1500 km langer Gebirgszug, der die nach ihm benannte italienische Apenninhalbinsel in Nordwest-Südost-Richtung durchzieht.

Verlauf

Der Apennin, über den die Hauptwasserscheide Italiens verläuft, beginnt im Nordwesten Italiens und bildet im Ligurischen Apennin die Fortsetzung der Ligurischen Alpen. Die Grenze zwischen Alpen und Apennin bildet der Col di Cadibona (436 m). Von dort reicht er Richtung Osten bis zur Adriaküste, wo er sich nach Süden wendet und in den Abruzzen mit dem Massiv des *Gran Sasso d'Italia* (2912 m) seine größte Höhe erreicht. Noch weiter südwärts teilt sich der Apennin in einzelne kleinere Gebirgsteile wie die Sila und den Aspromonte auf und findet seine Fortsetzung in den Gebirgen Nordsiziliens.

Gestein

Apennin in der Emilia (im Hintergrund die markante Pietra di Bismantova)

Der Apennin ist ein alpidisches Kettengebirge, das seine Auffaltung dem Anprall der Afrikanischen gegen die Eurasische Platte verdankt. Er besteht aus Kalken, Dolomitgesteinen, Sandsteinen, Schiefern, Mergeln und Tonen, teilweise auch aus kristallinem Grundgebirge.

Klima

Apennin in den Abruzzen am Campo Imperatore

Im Apennin herrscht typisches Gebirgsklima mit niedrigen Temperaturen, jedoch starken Temperaturschwankungen und hohen Niederschlägen. Im Hügelland und den Vorgebirgen ist das Klima mediterran beeinflusst, mit Niederschlagsmengen von etwa 800 mm und einer deutlichen Sommertrockenheit. In den subalpinen Regionen steigt die Niederschlagsmenge auf über 1300 mm, wobei ein deutlicher West-Ost-Unterschied besteht.

Flora und Fauna

Die Vegetation der Küstenregionen reicht bis etwa 600 Meter, wo sie in einen Gürtel aus Edelkastanien und Eichen und noch höher Nadelhölzern übergeht. Die Baumgrenze liegt bei etwa 2000 m.

Ein im Apennin endemisches Tier ist der Brillensalamander. Dort lebt auch der apenninische Wolf. Der Bardigiano ist die heimische Pferderasse.

Verkehr

Der Apennin wird von vielen Autobahnen überquert, wie zum Beispiel den Strecken Mailand–Genua (A7), Parma–La Spezia (A15), Bologna–Florenz (A1) *(Autostrada del Sole)* oder Pescara–Rom (A24/A25). Die meisten Pässe liegen zwischen 500 und 1000 m, teilweise noch höher. Die Eisenbahn Bologna–Florenz durchquert das Gebirge im 1934 eröffneten 18,5 km langen Apennin-Basistunnel.

References

[1] http://toolserver.org/~geohack/geohack.php?pagename=Apennin&language=de&params=42.4686111111_N_13.5619444444_E_dim:1500000_region:IT_type:mountain(2912)

Kristall

Ein **Kristall** ist ein Körper, dessen Atome oder Moleküle nicht zufällig, sondern regelmäßig in einem Kristallgitter angeordnet sind. Bekannte Kristallmaterialien sind Kochsalz, Zucker, Minerale und Schnee – aber auch die Metalle.

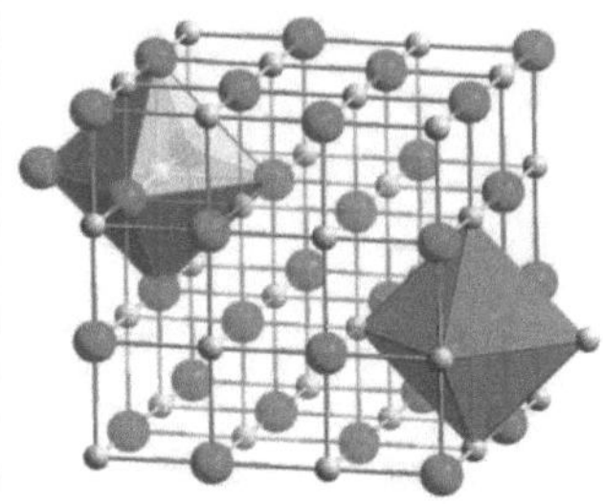

Abb. 1: Schema des Kristallgitters von Kochsalz (Natriumchlorid). In jeder Raumrichtung wechseln Natriumatome (grau) regelmäßig mit Chloratomen (grün) ab. Die eingezeichneten Oktaeder zeigen je ein Atom mit seinen sechs nächsten Nachbaratomen. Die Kantenlänge der Oktaeder (Abstand von einem Atom zum nächsten Atom des gleichen Elements) beträgt 0,56 Nanometer.

Genauere Definition, Unterscheidungen

Die charakteristische Eigenschaft eines Kristalls ist seine Fernordnung. Der Kristall ist dreidimensional periodisch aus gleichbleibenden Struktureinheiten aufgebaut.[1] Diese Struktureinheit heißt Einheitszelle oder Elementarzelle. Ein Kristall ist ein homogener Körper, denn er ist stofflich und physikalisch einheitlich. Aber viele physikalische Eigenschaften sind von der Raumrichtung abhängig, d. h. ein Kristall ist anisotrop.[2] Die Wissenschaft, welche die Eigenschaften und Formen von Kristallen erforscht, ist die Kristallographie.

Je nach Ausprägung der äußeren Form unterscheidet man

- unbeeinträchtigt ausgebildete, sogenannte idiomorphe (altgriechisch ἴδιος eigen und μορφή Gestalt) Kristalle und
- xenomorphe (altgriechisch ξένος fremd und μορφή Gestalt) Kristalle, deren äußere Form durch fremde Grenzflächen bestimmt ist.

Abb. 2: Idiomorph gewachsene Halit-Kristalle

Der idiomorphe Kristall weist in seiner äußeren Form auf die jeweilige Kristallstruktur hin. Deshalb sind z. B. ungestört gewachsene Natriumchloridkristalle (Kochsalz, Mineral Halit) würfelförmig.

Die äußere Form eines Kristalls wird durch die voneinander unabhängigen Merkmale Kristallhabitus und Kristalltracht bestimmt. Die Kristallflächen werden ebenso wie Gitterebenen durch Millersche Indizes beschrieben.

Da die charakteristische Eigenschaft von Kristallen die regelmäßige Anordnung in allen drei Raumrichtungen ist, sind auch Körper denkbar, deren Bausteine sich nur in einer oder zwei Raumrichtungen wiederholen. Dann lässt sich von eindimensionalen und zweidimensionalen Kristallen sprechen. In der Natur kommen Membranproteine vor, die sich als zweidimensionale Kristalle in der Biomembran anordnen. Ein Beispiel ist Bacteriorhodopsin.[3] In der Strukturbiologie werden 2D-Kristalle gezüchtet, um die Atompositionen der kristallisierten Makromoleküle mittels Elektronen-Kryomikroskopie zu ermitteln.[4]

Außer Kristallen gibt es auch Körper, die keine innere Fernordnung haben und amorph genannt werden. Ein Beispiel ist Glas (auch sogenanntes Bleikristall und anderes Kristallglas). Weiter gibt es Quasikristalle, die zwar wohlgeordnet sind, sich jedoch nicht in regelmäßigen Abständen wiederholen. Sie besitzen also keine Translationssymmetrie.[5] [6] Ein Beispiel für einen 2D-Quasikristall ist eine Penrose-Parkettierung (Abb. 3), die aus zwei verschiedenen Kacheln so angeordnet ist, dass sich nur eine fünfzählige Rotationssymmetrie ergibt.

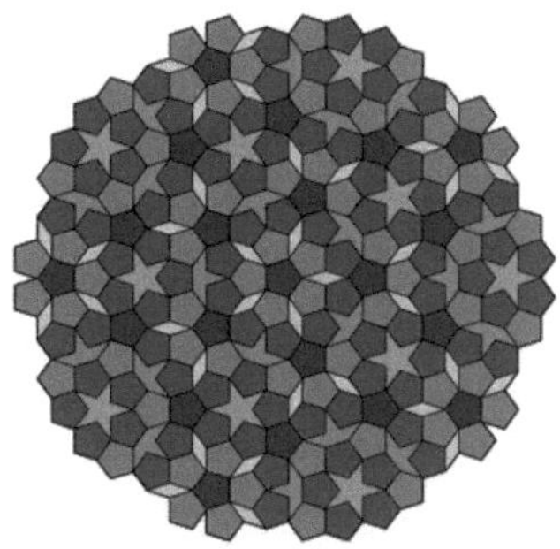

Abb. 3: Kein Kristall, sondern ein zweidimensionaler Quasikristall: Die Penrose-Parkettierung wiederholt sich bei einer vollständigen Drehung fünf mal (fünfzählige Rotationssymmetrie), aber nicht bei einer Verschiebung. Sie besitzt also keine translationssymmetrische Fernordnung.

Wenn eine Flüssigkeit anisotrop ist und dadurch einige Eigenschaften eines Kristalls aufweist, bezeichnet man sie als Flüssigkristall.

Wortherkunft

Der Begriff *Kristall* stammt von dem griechischen Wort κρύσταλλος (krýstallos, zu κρύος krýos „Eiseskälte, Frost, Eis"). Es bedeutet zunächst, bei Homer, „Eis" – später dann auch alles dem Eis Ähnliche, Helle und Durchsichtige. Insbesondere der Bergkristall, aber auch farbige Edelsteine und Glas werden so genannt (z. B. bei Strabon und Claudius Aelianus).[7]

Bei dem bereits im antiken Griechenland betriebenen Bergbau wurden wahrscheinlich Quarz-Kristalle entdeckt. Sie wurden für Eis gehalten, das bei so tiefen Temperaturen entstanden sein müsse, dass es nicht mehr schmelzen könne. Diese Ansicht war bis ins frühe Mittelalter verbreitet. Über das lateinische *crystallus* hat sich die althochdeutsche Bezeichnung *kristallo* gebildet, die sich im Laufe der Zeit zu *Kristall* gewandelt hat.[8] Im 19. Jahrhundert war *Krystall* gebräuchlich.[9]

Struktur und Klassifikation

Die Richtung und die Länge der Vektoren, um die eine Kristallstruktur verschoben werden kann, so dass sich die Atompositionen wiederholen,[10] beschreiben die Achsen des Kristallgitters (oder kurz Kristallachsen). Daher wird die Struktur jeder Kristallart mit einem eigenen, spezifischen Koordinatensystem, dem *Achsensystem*, dargestellt.[11] Neben der Verschiebung kann eine Kristallstruktur auch gedanklich um diese Achsen gedreht werden, bis sich die gedrehte Struktur mit der ursprünglichen Struktur deckt. Weil die Translationssymmetrie erhalten bleiben muss, können nur Drehsymmetrien vorkommen, die in einer vollständigen Drehung (360°) eine, zwei, drei, vier oder sechs Wiederholungen beschreiben. Es wird dabei von 1-zähligen, 2-, 3-, 4- oder 6-zähligen Achsen gesprochen.[12] Es gibt Kristalle, die außer Drehachsen und Translation weitere *Symmetrieelemente* aufweisen, nämlich Spiegelebenen und Inversionszentren.[13]

Abb. 4: Chromalaun ($KCr(SO_4)_2 \cdot 12H_2O$) Oktaeder (2,5 cm Kantenlänge)

Für die Klassifizierung von Kristallen werden die Symmetrieeigenschaften verwendet.[14] Dabei ist die Anzahl der denkbaren Kombinations- und Kopplungsmöglichkeiten von Symmetrieelementen beschränkt (siehe auch Gruppentheorie). Es gibt bei zweidimensionalen Kristallen 17 ebene kristallographische Gruppen und bei dreidimensionalen Kristallen 230 kristallographische Raumgruppen, die vollständig in den *International Tables for*

Crystallography, Vol. A aufgeführt sind.[15] [16]

Wird ein neuer Kristall untersucht, ist die Raumgruppe zunächst unbekannt. Bei der Beschreibung der äußeren Form des Kristalls lässt er sich nur einer von 32 Punktgruppen oder Kristallklassen zuordnen. Diese Punktgruppen beschreiben die makroskopischen Symmetrieeigenschaften der Kristalle und fassen diejenigen Raumgruppen zusammen, die sich nur in der Translationssymmetrie unterscheiden. Die Translation spielt bei der äußeren Betrachtung von Kristallen keine Rolle.[17] Weil die Winkel zwischen den Kristallflächen für jede Kristallart gleich sind und oft mit einer Rotationssymmetrie vereinbar sind (z. B. 90° bei Halit mit vierfacher Rotationssymmetrie), werden zur Beschreibung der Kristallmorphologie sieben Kristallsysteme verwendet, bei denen sich die Lage und relative Länge der Zellachsen unterscheiden. Ein Kristall ist je nach Zugehörigkeit zum entsprechenden Kristallsystem triklin, monoklin, orthorhombisch, tetragonal, trigonal, hexagonal oder kubisch.[18]

Auguste Bravais klassifizierte die verschiedenen möglichen Translationsgitter. Diese Gitter bestehen aus gleichen Parallelepipeden, deren Ecken die Gitterpunkte darstellen. Um die Symmetrie von bestimmten Gittern beschreiben zu können, ließ er neben primitiven Elementarzellen (mit einem Gitterpunkt pro Zelle) auch größere Elementarzellen zu, die flächen- oder innenzentriert sind. Ein Beispiel für eine flächenzentrierte Elementarzelle ist in Abb. 5 gezeigt. Es gibt im dreidimensionalen Raum 14 Bravais-Gitter.[9]

Bei der Kristallstrukturanalyse lassen sich die Streumuster der Röntgenbeugung in elf zentrosymmetrische Punktgruppen einteilen, die Lauegruppen oder Laueklassen genannt werden. Denn auch bei nicht-zentrosymmetrischen Kristallstrukturen entstehen zentrosymmetrische Beugungsmuster, da die Reflexe als Friedelpaare mit normalerweise gleicher Intensität auftreten. Die Lauegruppen lassen sich demnach herleiten, indem ein Symmetriezentrum zu der Punktgruppe des Kristalls hinzugefügt wird.[19]

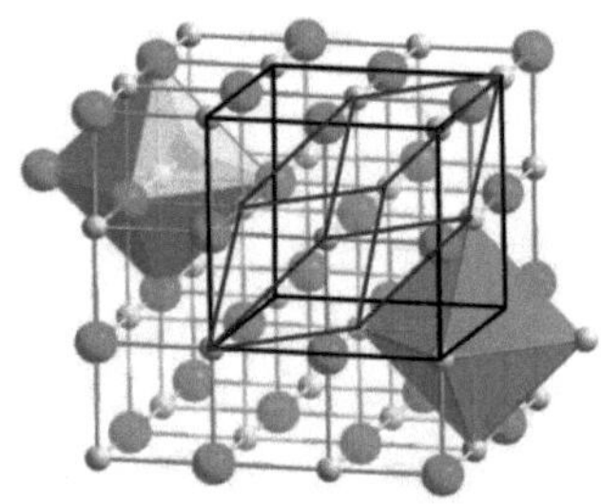

Abb. 5: Die kleinstmögliche Zelle im Gitter des Halits ist ein Rhomboeder (blau). Erst die flächenzentriere Elementarzelle (schwarz) macht die kubische Symmetrie des Gitters deutlich.

Die Kristallstruktur ist nicht stoffspezifisch, das heißt eine Substanz bzw. ein Mineral kann je nach äußeren Bedingungen (Druck, Temperatur etc.) unterschiedliche thermodynamisch stabile Strukturen besitzen. Verschiedene Kristallformen derselben Substanz werden in der Kristallographie Kristallarten genannt.[9] In der Chemie wird von Modifikationen gesprochen.[20]

Kristallisation

Ein Kristall entsteht, wenn die Temperatur einer Schmelze langsam genug unter den Schmelzpunkt sinkt und daraufhin die thermische Bewegung der einzelnen Atome einen so geringen Wert annimmt, dass die gegenseitigen Bindungen durch Schwingungen nicht mehr aufgebrochen werden können – es kommt zur Bildung eines einheitlichen Gitters, das durch Fernordnung geprägt ist. Das einheitliche Gitter hat eine geringere freie Enthalpie als das amorphe Glas, welches lediglich über eine Nahordnung verfügt. Man bezeichnet diesen Vorgang als Kristallisation.

Die Bildung eines Kristalls ist ein exergonischer Prozess: Zwar nimmt die Entropie im System ab (wegen Zunahme der Fernordnung), bei Temperaturen bis zum Schmelzpunkt wird dies jedoch durch eine Enthalpieabnahme infolge Anziehung zwischen den Teilchen (= Kristallisationswärme) überkompensiert.

Ausgangspunkt für die Kristallbildung ist ein Kristallisationskeim, der bei sinkender Temperatur wächst. Existieren viele solcher Kristallkeime oder setzt die Kristallisation an mehreren Stellen gleichzeitig ein, so entsteht ein Polykristall. Sinkt die Temperatur der Schmelze so schnell, dass sich die Atome nicht periodisch anordnen können, so entsteht ein amorphes Material, ein Glas. In vielen Fällen kommt es im Zuge der Kristallisation zu einem Verwachsen zweier Kristalle gleicher Struktur und Zusammensetzung, welche man in Folge als Kristallzwilling bezeichnet.

Unter einer Umkristallisation versteht man die Änderung einer Kristallstruktur, bedingt durch die Änderung äußerer Faktoren wie den Druck- und Temperaturbedingungen. Hierbei wechselt der kristalline Feststoff seine Modifikation.

Die künstliche Herstellung von Kristallen bezeichnet man als Kristallzucht.

Eigenschaften

Nichtmetallische anorganische Kristalle sind härter, aber auch spröder. Alle Metalle erstarren im Regelfall kristallin.

Das Verhalten von Licht in Kristallen wird durch die Kristalloptik beschrieben. Wichtige hiermit verbundene Eigenschaften und Phänomene sind die optische Aktivität, die Polarisation, die Doppelbrechung und der Pleochroismus. Periodische dielektrische Strukturen, so genannte photonische Kristalle, zeigen neuartige optische Eigenschaften.

Manche Kristalle, z. B. Quarzkristalle, haben piezoelektrische Eigenschaften. Sie bauen eine elektrische Spannung auf, wenn sie verformt werden und verformen sich, wenn elektrische Spannung angelegt wird.[21] Dieser Effekt wird in Piezofeuerzeugen genutzt, um Zündfunken zu generieren. In der Elektronik dienen piezoelektrische Schwingquarze als Taktgeber (z. B. in Quarzuhren). Einige piezoelektrische Kristalle, jedoch nicht alle, wandeln eine Temperaturdifferenz in eine Ladungstrennung um. Diese Eigenschaft wird Pyroelektrizität genannt.[22] Solche Kristalle werden in Bewegungsmeldern und Temperaturfühlern verwendet. Ein besonderer Fall der Pyroelektrizität ist die Ferroelektrizität: Bei ferroelektrischen Kristallen kann die elektrische Polarisation durch das Anlegen einer Spannung umgepolt werden.[23]

Gitterfehler

Ein realer Kristall enthält Gitterfehler, das heißt die dreidimensional-periodische Anordnung der Atome ist gestört. Es gibt Punktfehler, Linienfehler, Flächenfehler und Volumenfehler. Punktfehler sind die einzigen Gitterfehler, die auch im thermodynamischen Gleichgewicht vorkommen.

Formen und Beispiele

Einkristall und Polykristall

Im Regelfall liegt ein kristalliner Festkörper als Polykristall und nicht als Einkristall vor, das heißt er besteht aus vielen kleinen Kristallen (Kristalliten), die durch Korngrenzen voneinander getrennt sind. Zum Beispiel sind Metallgegenstände, Drähte usw. in aller Regel Polykristalle. Besteht ein Körper aus verschiedenen Kristall*arten*, so heißen die Grenzflächen zwischen ihnen Phasengrenzen.

Mineralien

Viele Minerale sind in der Lage, eine Vielfalt an Kristallformen und Farben auszubilden. Bekannteste Beispiele sind zum einen der Quarz, dessen Ausbildungsformen den ganzen Bereich von makrokristallin-farblos (*Bergkristall*) bis mikrokristallin-buntfarbig (Achat) abdeckt und zum anderen der Calcit mit ähnlichem Reichtum an Varietäten.

Abb. 6: Farbloser Bergkristall

Die weltweit größten Kristalle wurden in der Mine von Naica entdeckt. Sie bestehen aus der Gipsart Marienglas, sind bis 14m lang[24] und wiegen bis zu 50 Tonnen.

Der Diamant, eine kristalline Form des Kohlenstoffs, ist das härteste natürlich vorkommende Mineral. Auch Silizium kristallisiert im Diamantgitter.

Technische Anwendungen

Silizium ist zurzeit der Stoff, der am häufigsten in großen Mengen als Einkristall (Monokristall) verwendet wird, nämlich in der Halbleitertechnik. Das dort ebenfalls verwendete Galliumarsenid (GaAs) weist hingegen die so genannte Zinkblende-Struktur auf. Die Nanotechnologie befasst sich unter anderem mit Nanokristallen.

Abb. 7: Buntfarbiger Achat

Organische Kristalle

Auch organische Stoffe, z. B. die Proteine, bilden Kristalle – allerdings nur in Ausnahmefällen. Zum Beispiel befinden sich in den Peroxisomen der Pflanzen Katalase-Kristalle, die sich durch Elektronenmikroskopie sichtbar machen lassen.[25] Die Proteinkristallographie beschäftigt sich mit der Kristallzucht aus Proteinen zur Strukturanalyse.

Literatur

- Walter Borchardt-Ott: *Kristallographie.* Springer, Berlin 2002. ISBN 3-540-43964-1
- Charles Kittel: *Einführung in die Festkörperphysik.* Oldenbourg, München 2002. ISBN 3-486-27219-5
- Will Kleber, Hans-Joachim Bautsch, Joachim Bohm: *Einführung in die Kristallographie.* Verlag Technik, Berlin 1998. ISBN 3-486-27319-1
- Werner Massa: *Kristallstrukturbestimmung.* Teubner, Wiesbaden 2009. ISBN 978-3-8348-0649-9
- Ulrich Müller: *Anorganische Strukturchemie.* Teubner, Wiesbaden 2004. ISBN 3-519-33512-3
- Lesley Smart, Elaine Moore: *Einführung in die Festkörperchemie.* Vieweg, Wiesbaden 1997, ISBN 3-528-06773-X
- R. F. Symes und R. R. Harding: *Edelsteine & Kristalle*, Gerstenberg Verlag, Hildesheim 1991, ISBN 3-8067-4560-9

Weblinks

- Mineralienatlas:Kristall (Wiki)
- The Giant Crystal Project – Dokumentation der größten Kristalle der Welt [26]
- Informationen über das Kristallsystem und Kristallsynthese [27]
- Alpine Mineralien – Kristall [28]
- Atlas der Krystallformen von Victor M. Goldschmidt [29]
- Linksammlung zur Kristallographie [30]

Einzelnachweise

[1] Will Kleber, Hans-Joachim Bautsch und Joachim Bohm (1990): *Einführung in die Kristallographie.* Verlag Technik. ISBN 3-341-00479-3, Seite 19

[2] Will Kleber, Hans-Joachim Bautsch und Joachim Bohm (1990): *Einführung in die Kristallographie.* Verlag Technik. ISBN 3-341-00479-3, Seite 14

[3] Hayato Yamashita, Kislon Voitchovsky, Takayuki Uchihashi, Sonia Antoranz Contera, John F. Ryan und Toshio Ando (2009): Dynamics of bacteriorhodopsin 2D crystal observed by high-speed atomic force microscopy, Journal of Structural Biology, Volume 167, Issue 2, Pages 153-158, ISSN 1047-8477, DOI: 10.1016/j.jsb.2009.04.011, Online hier (http://www.sciencedirect.com/science/article/B6WM5-4W6YK3X-1/2/01295fbd63fda1ae9bd03078a50c918f), abgerufen am 26. Oktober 2009

[4] Michael G. Rossmann und Eddy Arnold, Hsg. (2001): International Tables for Crystallography Volume F: Crystallography of Biological Macromolecules. Kluwer Academic Publishers, Dordrecht u. a., Seiten 459f

[5] C. Giacovazzo, Hsg. (1992): *Fundamentals of Crystallography.* Oxford University Press. ISBN 0-19-855578-4, Seiten 223-226

[6] Michael Baake, Robert Moody und Uwe Grimm: *Verborgene Ordnung der Quasikristalle*, Spektrum der Wissenschaft Februar 2002 (http://www.spektrum.de/artikel/828388), englische Version hier (http://www.math.ualberta.ca/~rvmoody/rvm/rvmldpapers.html) online, abgerufen am 21. Oktober 2009

[7] Wilhelm Pape: *Handwörterbuch der griechischen Sprache. Griechisch-deutsches Handwörterbuch.* 3. Aufl., Braunschweig 1914

[8] Wolfgang Pfeifer u. a.: *Etymologisches Wörterbuch des Deutschen.* dtv, München 1995, ISBN 3-423-03358-4, Seite 735

[9] Helmut G. F. Winkler (1950): *Hundert Jahre Bravais Gitter.* Die Naturwissenschaften, Band 37, Nummer 17, Seiten 385-390, DOI: 10.1007/BF00738360, online (http://www.springerlink.com/content/t23q6nw527j61tu3/) abgerufen am 28. Nov. 2010

[10] Will Kleber, Hans-Joachim Bautsch und Joachim Bohm (1990): *Einführung in die Kristallographie.* Verlag Technik. ISBN 3-341-00479-3, Seite 17

[11] Will Kleber, Hans-Joachim Bautsch und Joachim Bohm (1990): *Einführung in die Kristallographie.* Verlag Technik. ISBN 3-341-00479-3, Seite 23

[12] Siegfried Haussühl (1993): *Kristallgeometrie.* Weinheim Verlag. ISBN 3-527-29018-4, Seite 66

[13] Werner Massa (1996): *Kristallstrukturbestimmung* Teubner Verlag. ISBN 3-519-13527-2, Seite 60

[14] Siegfried Haussühl (1993): *Kristallgeometrie.* Weinheim Verlag. ISBN 3-527-29018-4, Seite 57

[15] Theo Hahn, Hsg. (2005): *International Tables for Chrystallography, Volume A.* Springer Verlag. ISBN 0-7923-6590-9

[16] Zbigniew Dauter und Mariusz Jaskolski (2010): *How to read (and understand) Volume A of International Tables for Crystallography: an introduction for nonspecialists.* J. Appl. Cryst. (ISSN 0021-8898), 43, 1150–1171, doi:10.1107/S0021889810026956, online (http://journals.iucr.org/j/issues/2010/05/02/kk5061/kk5061.pdf) abgerufen am 20. Dez. 2010.

[17] Will Kleber, Hans-Joachim Bautsch und Joachim Bohm (1990): *Einführung in die Kristallographie.* Verlag Technik. ISBN 3-341-00479-3, Seite 67

[18] Will Kleber, Hans-Joachim Bautsch und Joachim Bohm (1990): *Einführung in die Kristallographie.* Verlag Technik. ISBN 3-341-00479-3, Seite 22

[19] Theo Hahn, Hsg. (2005): *International Tables for Chrystallography, Volume A.* Springer Verlag. ISBN 0-7923-6590-9, Seite 762

[20] Meyers Lexikon der Naturwissenschaften: Biologie, Chemie, Physik und Technik. Meyers Lexikonverlag (Bibliographisches Institut & F. A. Brockhaus AG), Mannheim 2008, ISBN 978-3-411-07791-5

[21] Will Kleber, Hans-Joachim Bautsch und Joachim Bohm (1990): *Einführung in die Kristallographie.* Verlag Technik. ISBN 3-341-00479-3, Seiten 267-272

[22] Will Kleber, Hans-Joachim Bautsch und Joachim Bohm (1990): *Einführung in die Kristallographie.* Verlag Technik. ISBN 3-341-00479-3, Seite 262

[23] Will Kleber, Hans-Joachim Bautsch und Joachim Bohm (1990): *Einführung in die Kristallographie.* Verlag Technik. ISBN 3-341-00479-3, Seite 264

[24] GEO Magazin Nr. 05/08. *Höhlenforschung: In der Kammer der Kristallriesen*, S. 2 von 4 (http://www.geo.de/GEO/natur/56944.html?p=2&pageview=&pageview=)

[25] Elmar Weiler und Lutz Nover (2008): *Allgemeine und molekulare Botanik.* Georg Thieme Verlag, Stuttgart und New York. ISBN 978-3-13-147661-6, Seite 73, Abb. 2.21 und Seite 327, Abb. 10.8

[26] http://giantcrystals.strahlen.org/

[27] http://www.mineralogie-erleben.de/
[28] http://www.mineralien-basel.ch/
[29] http://www.meinemineraliensammlung.de/victor/goldschmidt/
[30] http://www.chemlin.de/chemie/kristallographie.htm

Tonminerale

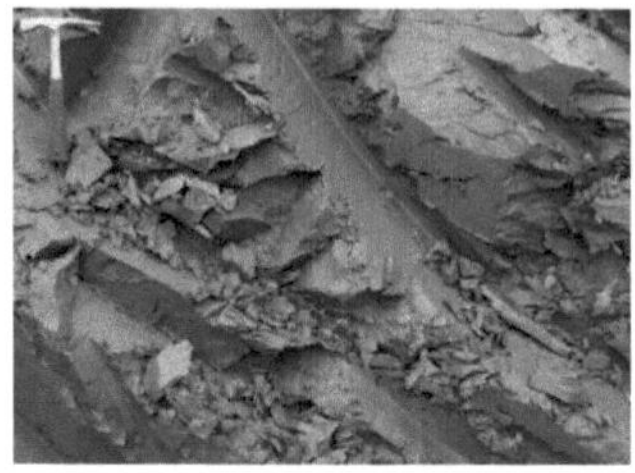
Quartärer Ton in Estland

Tonminerale bezeichnet einerseits Minerale, die überwiegend feinstkörnig (Korngröße < 2 µm) vorkommen, andererseits jedoch die Schichtsilikate, die nach ihrer schichtartigen Kristallstruktur aus Silizium und Sauerstoff, sowie Wasserstoff und meist Magnesium und Aluminium benannt sind. Beide Definitionen sind nicht deckungsgleich. Manche überwiegend feinstkörnig vorkommende Minerale, etwa Goethit oder Gibbsit, sind keine Silikate. Andererseits gibt es Schichtsilikate, wie etwa Kaolinit, die oft größer als zwei Mikrometer sind. Tonminerale bezeichnen daher in der Regel solche Minerale, die beide Kriterien erfüllen.

Entstehung

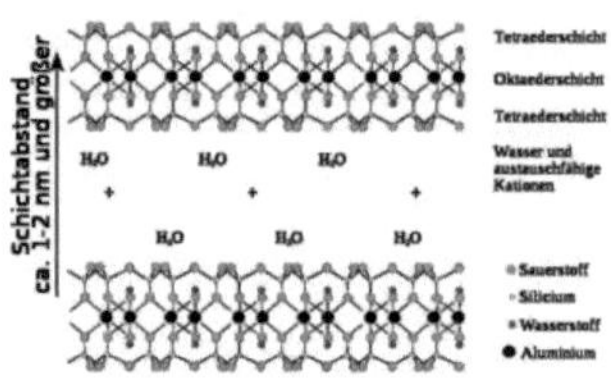

Schichtgitter von Montmorillonit als Beispiel für Schichtsilikate

Tonminerale entstehen an der Erdoberfläche durch Verwitterung von anderen Mineralen oder Gläsern oder bilden sich neu aus übersättigten Bodenlösungen oder hydrothermalen Wässern. Bei der Diagenese kommt es zu Ordnungsprozessen im Kristallgitter der Tonminerale, die als Maß für die Reife eines Sediments verwendet werden kann.

Struktur

Tonminerale bestehen aus zwei charakteristischen Bauelementen:

- Tetraederschicht: eckenverknüpfte SiO_4-Tetraeder, zum Teil Si substituiert durch Al
- Oktaederschicht: kantenverknüpfte AlO_6-Oktaeder, zum Teil Al substituiert durch Mg

Je nach Anordnung dieser Schichten unterscheidet man:

- 1:1-Tonminerale (Zweischicht-Tonminerale): Tetraederschicht-Oktaederschicht, zum Beispiel Kaolinit oder Chrysotil
- 2:1-Tonminerale (Dreischicht-Tonminerale): Tetraederschicht-Oktaederschicht-Tetraederschicht, zum Beispiel Illit
- 2:1:1-Tonminerale (Vierschicht-Tonminerale): Tetraederschicht-Oktaederschicht-Tetraederschicht-Oktaederschicht, zum Beispiel Chlorit

Durch die Substitution entsteht eine Schichtladung, die durch die Einlagerung von Kationen in der Zwischenschicht neutralisiert wird. Die Schichtladung der 1:1-Tonminerale ist stets Null. Die 2:1-Tonminerale werden nach ihrer Schichtladung klassifiziert:

- $X = 0$: Talk-Pyrophyllit-Gruppe
- $0{,}2 < X < 0{,}6$: Smektitgruppe, zum Beispiel Montmorillonit, Beidellit, Nontronit, Saponit oder Hectorit
- $0{,}6 < X < 0{,}9$: Vermiculit-Illit-Gruppe
- $X = 1$: Glimmergruppe

Tonminerale mit nicht ganzzahligen Schichtladungen besitzen die Fähigkeit zur Quellung, das heißt zur temporären und reversiblen Wasseraufnahme in ihren Zwischenschichten.

Alternativ kann die Schichtladung in der Oktaederschicht auch dadurch kompensiert werden, dass nur zwei von drei Oktaedern besetzt sind. Daher unterscheidet man:

- dioktaedrische Tonminerale mit zwei besetzten Oktaederpositionen, zum Beispiel Kaolinit
- trioktaedrische Tonminerale mit drei besetzten Oktaederpositionen, zum Beispiel Chrysotil

Eigenschaften

Tonminerale sind sehr weich (Mohs-Härte 1) und reagieren plastisch auf mechanische Beanspruchung. Sie wandeln sich beim Erhitzen in härtere und festere Minerale um (Keramik). Tonminerale besitzen eine große spezifische Oberfläche, an die Stoffe adsorbiert und desorbiert werden können. Mit der großen Oberfläche ist eine hohe Kationenaustauschkapazität verbunden. Tonminerale haben eine geringe Wasserdurchlässigkeit. Suspensionen von Tonmineralen reagieren thixotrop auf mechanische Beanspruchung.

Geologische Bedeutung

Die Art und der Anteil der Tonminerale in Böden bestimmt maßgeblich deren Fruchtbarkeit. 2:1-Tonminerale besitzen eine höhere Kationenaustauschkapazität als 1:1-Tonminerale und können daher mehr Nährstoffe wie Kalium- oder Ammoniumionen an Pflanzen abgeben, während sie die von den Wurzeln abgegebenen Hydroniumionen an deren Stelle in ihrer Zwischenschicht einlagern. Der kristallographische Ordnungsgrad des Tonminerals Illit wird von Mineralogen verwendet, um die Zeit zu bestimmen, die seit der Ablagerung eines Sediments vergangen ist. Er nimmt mit fortschreitender Diagenese zu.

Technische Bedeutung

Tongrube bei Mengerskirchen im Westerwald

Ton ist der wichtigste und älteste Rohstoff für die Herstellung von Keramik. Als Bestandteil von Lehm wird er für die Herstellung von Ziegel benötigt. Daneben wird er zusammen mit Kalkstein zur Produktion von Zement verwendet. In der Bildenden Kunst dient er der Herstellung von Plastiken. Tonminerale werden als Ionenaustauscher, beispielsweise bei der Säuberung von Trinkwasser und zum Entfärben von Lösungen eingesetzt. Insbesondere Montmorillonit wird wegen seiner Wasseraufnahmefähigkeit genutzt, zum Beispiel im Katzenstreu. Kaolinit wird auch in der Papierindustrie als Appreturmittel verwendet, glättet die Oberfläche und nimmt Tinte auf. Blähton (stark porös gebrannter Ton) dient als isolierender Baustoff und für die Hydrokultur. Andere Tone dienen als Abdichtung in Deponien, sind Füll-, Trenn-, und Zuschlagstoffe in Farben, Lebensmitteln und pharmazeutischen Produkten oder werden als Katalysatoren eingesetzt.

Zum Einsatz als Füllstoff, beispielsweise in Kunststoffen, werden Tone zuvor mit organischen Modifikatoren modifiziert, um sie organophil (d.h. hydrophob) zu machen. Dadurch verlieren sie ihre gute Wasseraufnahmefähigkeit, lassen sich aber gut mit organischen Stoffen (z.B. Polymerschmelzen) mischen. Sie können dann als Nanofüllstoff eingesetzt werden.

Siehe auch

- Ton (Bodenart)
- Systematik der Minerale
- Liste der Minerale
- Liste der Gesteine

Literatur

- Karl Jasmund, G. Lagaly (Hrsg.): *Tonminerale und Tone.* Steinkopff, Darmstadt 1993, ISBN 3-7985-0923-9.

Weblinks

- Uni Greifswald - Tonminerale [1]
- Tongewinnung, Aufbereitung und Rekultivierung von Tongruben [2], Bundesverband Keramische Rohstoffe und Industrieminerale e.V.

References

[1] http://www.uni-greifswald.de/~geo/henning/TM-seite.htm
[2] http://www.bvkr.de/bergbau_allgemeines.htm

Mergel

Mergel (ahd. *mergil*, lat. *marga*; laut Plinius *Naturalis historia* ursprünglich aus dem Gallischen) bzw. Mergelstein oder Mergelgestein ist ein Sedimentgestein und besteht je etwa zur Hälfte aus Ton und Kalk. Bei höheren Kalkgehalten spricht man von *Kalkmergel*, bei niedrigeren von *Tonmergel*. Er entsteht, wenn gleichzeitig Ton abgelagert und Kalk ausgefällt wird.

Bunter Mergel, Aufschluss Waldfriedhof - Stuttgart

Vorkommen

Mergel bzw. Mergelsteine sind weltweit verbreitet und recht häufig. Bekannte Mergelvorkommen in Mittel- und Westeuropa befinden sich in Südlimburg (Niederlande), insbesondere die Mergelgrotten von Maastricht und Valkenburg aan de Geul sind eine lokale Touristenattraktion. Weitere große Mergelvorkommen liegen im Mainzer Becken. In der österreichischen Petrologie werden spezielle lokale Mergelformen auch *Tegel* genannt.

Verwendung der Mergel

Mergel ist ein wichtiger Rohstoff zur Zementherstellung. In der Landwirtschaft wurden in der Vergangenheit hauptsächlich trockengelegte Feuchtgebiete (Moore und Sümpfe) mit Mergel verbessert; der Kalk neutralisierte die sauren Böden, der Ton stabilisierte den weichen Boden, damit die Äcker begehbar und befahrbar wurden.

Da das *Mergeln* fälschlicherweise einer Bodendüngung gleichgesetzt wurde, in Wirklichkeit aber außer Kalk keine Bodennährstoffe (Phosphate, Nitrate) brachte, wurden beim Ausbleiben anderer Düngergaben (Kompost, Mist, später auch Guano, Superphosphat o. Ä.) die Felder bald unfruchtbar und ausgelaugt – und daher als *ausgemergelt* bezeichnet[1] – was dann auch übertragen als „abgemagert", „kraftlos" oder „verbraucht" in unseren allgemeinen Sprachgebrauch übernommen wurde.

Nur auf gut kalkhaltigen Mergelböden und dort an steilen Süd- oder Südwestlagen gedeiht die italienische Rebsorte Nebbiolo.

Blauer Mergel beim Col de St. Jean, französische Alpen

Mergel ist häufig fossilführend. Hier pyritisierte Ammoniten im blauen Mergel beim Col de St. Jean

Unterscheidungen

Nach C. W. Correns (1949)[2] können unterschieden werden:

- *hochprozentiger Kalkstein* (bis 95 % Kalk, 5 % Ton)
- *mergeliger Kalk* (bis 85 % Kalk, 15 % Ton)
- *Mergelkalk* (bis 75 % Kalk, 25 % Ton)
- *Kalkmergel* (bis 65 % Kalk, 35 % Ton)
- *Mergel* (bis 35 % Kalk, 65 % Ton)
- *Tonmergel* (bis 25 % Kalk, 75 % Ton)
- *Mergelton* (bis 15 % Kalk, 85 % Ton)
- *mergeliger Ton* (bis 5 % Kalk, 95 % Ton)
- *hochprozentiger Ton* (bis 0 % Kalk, 100 % Ton)

Einzelnachweise

[1] *Allgemeine Sprachwissenschaft. 2: Vergleichende Grammatik. 42. B. Liebich, Kleine Beiträge zur deutschen Wortforschung. Beitr. 23, 223—231.* In: *Jahresbericht über die Erscheinungen auf dem Gebiete der germanischen Philologie.* 1898 (Online (http://www.archive.org/stream/jahresberichtb20geseuoft#page/18/mode/2up)).

[2] Carl Wilhelm Correns: *Einführung in die Mineralogie (Kristallographie und Petrologie).* Springer, Berlin 1949

Siehe auch

- Geschiebemergel
- Tutenmergel
- Melioration

Schiefer

Schiefer, von althochdeutsch *scivaro* (Holz-, Steinsplitter); mittelhochdeutsch *schiver(e)* (Stein-, Holzsplitter); mittelniederdeutsch *schiver* (Schiefer, Schindel), ist ein Sammelbegriff für unterschiedliche metamorphe Gesteine und tektonisch deformierte Sedimentgesteine, deren gemeinsames Merkmal die ausgezeichnete Spaltbarkeit entlang paralleler Flächen ist. In der wissenschaftlichen Literatur wird der Begriff *Schiefer* ohne weitere Zusätze nicht mehr als Gesteinsname verwendet.

Anstehender Schiefer in der Eifel, die Verwitterung macht die dünnschichtige Spaltbarkeit sichtbar

Schieferarten

Schiefer aus der Gruppe der undeformierten Sedimentgesteine

Typisches Schieferstück, etwa 11 cm groß.

Tektonisch nicht beanspruchte, sehr feinkörnige Sedimentgesteine (englisch *shale*) mit hohen Anteilen an Tonmineralen erhielten bis weit ins 20. Jahrhundert die Bezeichnung Schiefer, wenn sie in dünne Platten aufspalten. Der korrekte Name ist heute Tonstein, nur für den an organischem Material reichen Ölschiefer wird der alte Name noch verwendet.[1] Daneben gibt es noch stratigrafische Bezeichnungen, die den Begriff *-schiefer* enthalten und eine regional verbreitete Gesteinsablagerung eines bestimmten Alters bezeichnen. Hierzu gehören beispielsweise der *Fischschiefer* im Aptium Nordwestdeutschlands und der *Posidonienschiefer* aus dem Toarcium der Schwäbischen Alb.[2]

Tonschiefer

Tonschiefer (engl. *slate*) sind Gesteine aus dem Übergangsbereich von der Diagenese zur Metamorphose. Es handelt sich um dichte klastische Gesteine mit schwarzer, schwärzlich grauer, bläulich grauer, auch grünlicher, gelblicher, roter und violetter Farbe, die eine engständige Schieferung im Millimeterbereich aufweisen.

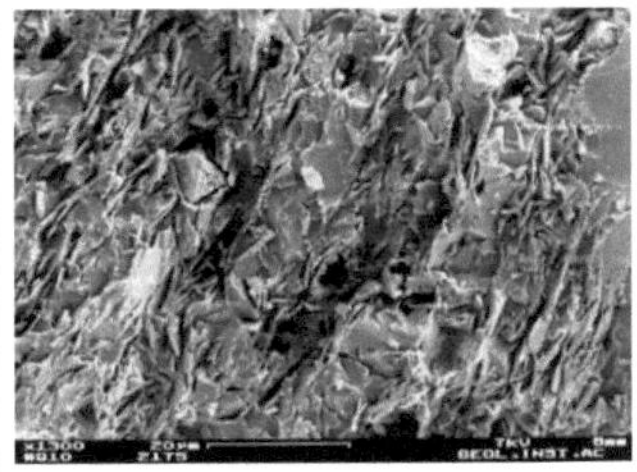

Tonschiefer aus dem südlichen Ural mit einer von rechts oben nach links unten verlaufenden Schieferung; Rasterelektronenmikroskop-Aufnahme. Die Schieferflächen haben einen Abstand von ca. 15 µm, dazwischen Domänen mit Tonmineralen, die noch die sedimentäre Lagenstruktur aufweisen.

Sie entstehen aus Tonstein unter gerichtetem Druck und erhöhten Temperaturen und können sowohl den Sedimentiten wie auch den Metamorphiten zugerechnet werden.[3] Dabei zeigt das Gestein aber noch keine der typischen, bei der Metamorphose neu gebildeten Minerale. Bei der Gebirgsbildung werden die Tonsteinschichten durch seitlichen Druck aufgefaltet. Während dieser tektonischen Vorgänge kommt es zunächst zur Anlage von Lösungsflächen senkrecht zum vorherrschenden Druck.[4] Neue Tonminerale kristallisieren auf den Flächen, dadurch erhält der ursprüngliche Tonstein sein schiefriges Gefüge.

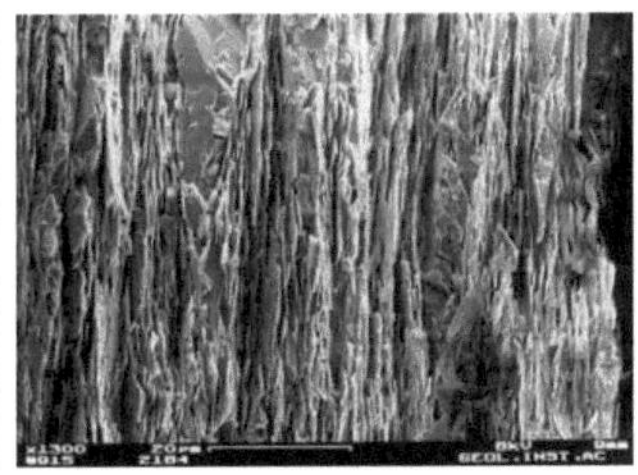

Tonschiefer aus dem südlichen Ural. Die Tonminerale sind nahezu vollkommen parallel ausgerichtet, das Gestein war im Bereich der schwachen Metamorphose.

Die Dichte schwankt um 2,8 g/cm³. Die Zusammensetzung kann erst durch die Röntgenbeugung bestimmt werden, da der Durchmesser der einzelnen Mineralkörner deutlich unter 20 µm liegt. Das Gestein besteht aus größeren oder geringeren Mengen von klastischem Material, das neben den eigentlichen Tonmineralen auch Quarz- und Feldspatkörner, sowie detritische Glimmer- und Chloritblättchen enthält. Daneben kann ein Tonschiefer in kleinsten Mengen Schwerminerale wie dunkle nadelförmige Rutilkriställchen oder kleine Pyritwürfel enthalten.[5] In den feinkörnigen Gesteinen sind oft Fossilien zu finden, die aber oft durch die Deformation verzerrt oder zerstört wurden. Davon nicht betroffen sind Mikrofossilien, die zur Datierung der Gesteine herangezogen werden können.

Die Zugehörigkeit zur Gruppe der Sedimentite oder Metamorphite wird ebenfalls mit Hilfe der Röntgenbeugung bestimmt. Hierbei wird speziell das in geologischen Zeiträumen temperaturempfindliche Verhalten des Tonminerals Illit benutzt, dessen 10Å-Reflex bei zunehmender Metamorphose ausgeprägter ist.[6]

Kristalline Schiefer

Geologisch handelt es sich bei diesen Schiefern (engl. *schist*) um metamorphe Gesteine (z. B. Glimmerschiefer, Fruchtschiefer, Glaukophanschiefer), bei denen sich unter hohem Druck und hohen Temperaturen aus den Tonmineralen neue Schichtsilikate wie Muskovit, Biotit und Chlorit gebildet haben, die allesamt parallel ausgerichtet sind und dadurch die gute Spaltbarkeit des Gesteins bedingen. Die Bildung des typischen Aufbaus kristalliner Schiefer nennt man Kristalloblastese.

Bestimmte Minerale, wie Glaukophan oder die Minerale der Granat- und Amphibolgruppe, lassen Rückschlüsse auf die Druck-Temperatur-Bedingungen der Metamorphose zu. Die senkrecht zur Druckrichtung der Metamorphose ausgerichtete Schieferungsebene hat nichts mit der ursprünglichen sedimentären Schichtung zu tun; Schieferungs- und Schichtungsebene können in beliebigem Winkel zueinanderstehen.

Dach- und Fassadenschiefer als Werkstein

Im Bauwesen wird dunkler Tonschiefer zur Abdeckung von Giebeln, Dächern und Fassaden zum Schmuck und Schutz vor Witterungseinflüssen verwendet. Besonders häufig ist Schiefer bei Fachwerkhäusern anzutreffen. An der Mosel, im Hunsrück und in der Eifel war und ist mittlerweile auch wieder der Hausbau mit behauenen, kompakten Bruchsteinen aus Schiefer üblich.

Schwarzer und weißer Schiefer an einem Umgebindehaus in Obercunnersdorf

Vom Mittelalter bis Mitte des 20. Jahrhunderts wurden aus Tonschiefer Schiefertafeln und Griffel als Schreibutensilien hergestellt. Bis zur Einführung großindustrieller Verfahren zur Papierherstellung und dem damit einhergehenden Preisverfall des Schreibpapiers waren Schiefertafeln und Griffel ein weitverbreitetes Schreibmaterial für den alltäglichen Gebrauch, das im Gewerbe, in privaten Haushalten, insbesondere aber in dem seit dem 17. Jahrhundert zunehmenden elementaren Schulbildungsbereich unverzichtbar war. Vom ausgehenden 19. Jahrhundert bis zur Einstellung der industriellen Griffelschieferproduktion in den 1960er Jahren hatte die thüringische Stadt Steinach das Weltmonopol.

Abbautechnik

Der heutige Abbau wird bestimmt durch den Einsatz moderner Geräte und Maschinen. Die vollmechanisierte sägende Gewinnung erleichtert nicht nur die Arbeit der Bergleute, sondern trägt auch zu einem sorgsamen Umgang mit dem wertvollen Gestein bei.

Schieferbruch im thüringischen Lehesten (1948)

Der abbauwürdige Schiefer wird mit einer Diamantsäge entlang der geologischen Gegebenheiten in exakte Raster gesägt. Block für Block wird der Schiefer dann vorsichtig aus dem Berg gelöst. Radlader sorgen für das Verladen unter Tage. Auf Loren gelangt der Schiefer dann mit der Bergwerks-Bahn zum Förderschacht. Dort angekommen gelangt er mit Loren über Tage in die Fertigungshallen. Hier werden die Schieferblöcke gesägt, gespalten und zum Schluss zugerichtet.

Historisches Dachschieferbergwerk - Grube Hoffnung

In der Übertage-Fertigung übernimmt zunächst moderne Technik, nämlich eine lasergesteuerte Diamantsäge, die erste Bearbeitung der Schieferblöcke. Sie sorgt dafür, dass die unterschiedlich großen Blöcke weitgehend »verschnittfrei« zur Fertigung der Decksteine genutzt werden können.

Bei aller Mechanisierung in der modernen Fertigungshalle werden die formgebenden Bearbeitungsgänge, das Spalten und Zurichten, noch immer in qualifizierter Handarbeit ausgeführt. Stück für Stück werden dabei die Blöcke in Platten geteilt, die eine Stärke von etwa 5 Millimeter haben.

Grubenwanderweg - Alte Bergwerksstollen (Vogelsberg 1)

Dachschiefer aus Deutschland

Schieferdach

Im Interesse eines geordneten, für Dachdecker, Architekten, Händler und Bauherren gleichermaßen transparenten Wettbewerbs wurden die Schiefer-Gewinnungsstätten mit einigermaßen vergleichbaren Eigenschaften aus einer Region unter einer Bezeichnung zusammengefasst.

Wie bei den bekannten Weinbergslagen wurde damit die Herkunftsbezeichnung zugleich zu einer Eigenschafts- und Qualitätsangabe. Die endgültige Festlegung der Bezeichnungen und die Zuordnung der Gruben erfolgte nach langen Verhandlungen zwischen dem Reichsdachdeckerhandwerk und der deutschen Schieferindustrie Anfang der 1920er Jahre. Das Ergebnis wurde im amtlichen Teil der Zeitschrift „Das Deutsche Dachdeckerhandwerk" vom 7. August 1932 veröffentlicht. Die Festlegungen wurden 1953 und 1967 erneut bestätigt und werden von den Schieferbetrieben bis heute verwendet: *Moselschiefer*, *Thüringer Schiefer*, *Hunsrücker Schiefer* und *Sauerländer Schiefer*.

Demnach darf sich lediglich der Schiefer aus den Gemarkungen Mayen, Polch, Müllenbach, Trier und Umgebung *Moselschiefer* nennen. Heutzutage führen nur noch die Bergwerke *Katzenberg* und *Margareta* in Mayen die Bezeichnung Moselschiefer. Der Name stammt vom historischen Transportweg dieses Schiefers über die Mosel an den Niederrhein, in die Benelux-Länder und bis nach Großbritannien. Für die Gemarkungen Altlay, Bundenbach, Kirn, Gemünden und Herrstein sowie deren Umgebung gilt die Bezeichnung *Hunsrücker Schiefer*. Die Gewinnungsstätten in Fredeburg, Brilon, Nuttlar usw. fallen unter den Oberbegriff Schiefer aus Westfalen und Waldeck, werden jedoch auch einfach *Sauerländer Schiefer* genannt, obwohl, wie in anderen Regionen, innerhalb dieser Bezeichnung deutliche Eigenschaftsunterschiede bestehen können.

In Produktion befinden sich heute noch

- bei Mayen/Eifel die beiden Bergwerke *Katzenberg* (über 300 m tief mit einem Förderschacht) und *Margareta* (mit einer 485 m langen Förderrampe, die von unter Tage einen Abtransport durch Lkw erlaubt),
- im Hochsauerland in der Gegend um Bad Fredeburg ein Verbundbergwerk mit den Gruben Bierkeller, Gomer, Magog mit einer 150-jährigen Tradition,
- im Hunsrück das Schieferbergwerk Altlay, mit einer Untertagegewinnung in einer Tiefe von etwa 120 Metern unter jahrhundertealten Abbauen,
- in Bayern ein Bergwerk in Lotharheil (Gemeinde Geroldsgrün),
- in Sachsen in Theuma bei Plauen im Vogtland wird Theumaer Fruchtschiefer abgebaut und verarbeitet.

Bis 2008 wurde auch noch in Thüringen Schiefer abgebaut, es waren dort ein Bergwerk in Unterloquitz und ein Tagebau bei Schmiedebach in Betrieb.

Der Moselschiefer-Bergbau um Mayen ist mit über der Hälfte der bundesdeutschen Produktion traditionell der leistungsstärkste deutsche Standort.

Das größte bekannte Dachschiefervorkommen befindet sich in der Gegend um Bad Fredeburg.

In Kaub am Mittelrhein wurde über Jahrhunderte bis 1972 Dachschiefer von höchster Qualität gewonnen. Heute noch zeugen die Tagesanlagen der Grube Wilhelm-Erbstollen von der einstigen Bedeutung des Schieferbergbaus für die gesamte Region.

Andere Abbauländer

Schiefer gibt es in vielen Ländern der Erde: auch außerhalb Europas in Nordamerika, in Südamerika, Südafrika, Japan, China, Sibirien und Indien. In Europa kommen Schiefer-Lagerstätten vor in Slowenien, Kroatien, Griechenland, Italien, Tschechien, Polen, Ungarn, Norwegen, Schweden, Schweiz, Portugal, Spanien, Frankreich, Belgien, Luxemburg, Großbritannien, Irland und in Deutschland.

Mengenmäßig bedeutende Produktionen finden sich – dieser Reihenfolge nach – in Spanien, Frankreich, Großbritannien, Deutschland und Portugal. Das größte Verbraucherland ist aber mit weitem Abstand Frankreich. Dieses traditionelle „Schiefer-Land“ verfügt über eine ehemals bedeutende nationale Produktion (Ardoise Ardennes), ist aber auch gleichzeitig der größte Abnehmer spanischen Schiefers. Traditionelle „Schiefer-Länder“ im Sinne der Verwendung sind aber auch Deutschland, Benelux und Großbritannien.

Schieferabbau in Spanien

Penrhyn-Steinbruch bei Bethesda, Wales, um 1890[7]

Bildergalerie

Schieferverkleidetes Häuschen im Thüringischen Schiefergebirge

Boppard am Rhein: älteres Haus (Naturschiefer)

Schiefergedeckte Häuser in Goslar

Stützmauern aus Schiefer im Botanischen Garten Hamburg

Eine Hausnummer aus Schiefer

Kirche und Häuser in Wurzbach mit Schiefer gedeckt und verkleidet.

Siehe auch

- Schieferdeckung
- Liste von Schieferbergwerken
- Hunsrück Schiefer- und Burgenstraße
- Moselschieferstraße
- Thüringisch-Fränkische Schieferstraße
- Schiefergas

Einzelnachweise

[1] Maresch, W. & Medenbach, O. *Gesteine.* S. 202, Mosaik Verlag, 1987 ISBN 3-576-10699-5

[2] Deutsche Stratigraphische Kommission (Hrsg.), *Stratigraphische Tabelle von Deutschland,* 1. Aufl. 2006, ISBN 3-00-010197-7

[3] Maresch, W. & Medenbach, O. *Gesteine.* S. 162 und 210, Mosaik Verlag, 1987 ISBN 3-576-10699-5

[4] Werner Pleßmann: *Gesteinslösung, ein Hauptfaktor beim Schieferungsprozeß.* Geologische Mitteilungen, 4, S. 69-82, Aachen 1964.

[5] Wolfhard Wimmernauer, *Petrographie der magmatischen und metamorphen Gesteine.* 295f, Enke Verlag, Stuttgart 1985, ISBN 3-432-94671-6

[6] Kisch H.J. (1991) *Illite crystallinity: recommendations on sample preparation, X-ray diffraction settings, and interlaboratory samples.* Journal of metamorphic Geology 9: 665–670

[7] The Slate Industry of North and Mid Wales (http://www.penmorfa.com/Slate/penrhyn.html)

Weblinks

- Schieferlexikon Informationen zu Entstehung, Aufbau und Vorkommen von Schiefer; Erläuterungen zu Normen (http://www.schieferlexikon.de)
- Schiefer-Fachverband in Deutschland e.V. (http://www.schiefer-fachverband.de)
- Arbeitsgemeinschaft Schiefer e.V. (http://www.arge-schiefer.de)
- Verein zur Erhaltung der Schieferbergbau-Geschichte e. V. (http://www.schieferverein.de)
- Schiefermuseum Ludwigsstadt – Schwerpunkt Schiefertafelproduktion (http://www.schiefermuseum.de)
- Geschichte des Baustoffs Schiefer (http://www.monumente-online.de/06/04/sonderthema/10_Schiefer.php?seite=1) bei Monumente Online (http://www.monumente-online.de)
- Detaillierte Darstellung der Schiefergewinnung in einem Werk in Brasilien (http://www.schiefer-direkt.de/66.0.html)

Sandstein

Sandstein ist ein Sedimentgestein (auch „Sedimentit“) aus miteinander verkitteten Sandkörnern, die vorwiegend aus Quarz bestehen. Die Sandkörner sind zwischen 0,063 und 2 mm groß.

Bei einem erhöhten Anteil anderer Minerale nennt man das Gestein Arkose (bei Feldspäten) oder Grauwacke (bei Gesteinsbruchstückchen). Wenn die meisten Körner größer als 2 mm sind, dann spricht man von einem Konglomerat (bei abgerundeten Körnern) bzw. von einer Brekzie (bei eckigen Körnern).

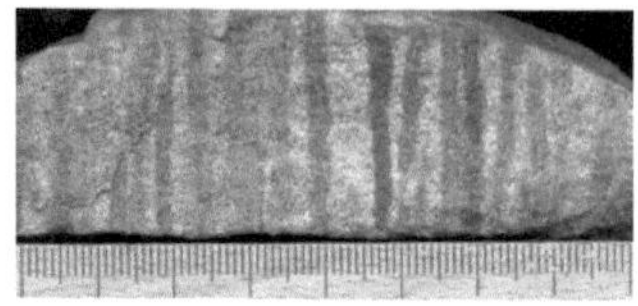

Sandstein mit Skolithos (Grabgängen von Würmern)

Durch Erosion entstandene Sandsteinformation in Coyote Buttes/Arizona

Entstehung

Sandstein entsteht durch die Verkittung (Zementation) von lockerem Sand und hat daher die gleichen Entstehungsbedingungen wie dieser. Er ist im Gegensatz zu chemischen und biogenen, von Lebewesen abgelagerten Gesteinen wie Kalkstein oder Kohle klastischen Ursprungs, besteht also aus Trümmern verwitterter und abgetragener Gesteine. Da Quarz ein relativ verwitterungsresistentes Mineral ist, welches außerdem in sehr vielen Gesteinen vorkommt, reichert es sich beim Verwitterungs- und Transportprozess stark an, während andere Mineralkörner zerfallen. Deshalb bestehen die Sandsteine ganz überwiegend aus diesem Mineral.

Gerölle aus Sandstein

Die wichtigsten Entstehungsräume für Sandsteine sind die Meere, dabei vor allem die küstennahen Flachmeere, die Schelfe. Der Sand stammt aber meist vom Festland und wird durch Flüsse und Meeresströmungen an seinen endgültigen Ablagerungsort transportiert. Es gibt aber auch zahlreiche Sandsteinvorkommen, die auf dem Festland entstanden sind. Dabei überwiegen die fluvialen, das heißt die von Flüssen abgelagerten Sandsteine deutlich über die vom Wind abgelagerten.

Im Meer abgelagerte Sandsteine finden sich in Deutschland zum Beispiel im Elbsandsteingebirge sowie im Zittauer Gebirge. Die in Deutschland weit verbreiteten Sandsteine des Buntsandsteins sind hingegen meist auf dem Festland abgelagert worden.

Durch den Auflastdruck der jüngeren, überlagernden Ablagerungen, durch den Druck und die natürlichen Chemikalien des Meer- oder Grundwassers und teilweise auch durch Beimischungen im Sandstein selbst kommt es zur Verfestigung (Diagenese) des Sandes. Dieser Prozess läuft unterschiedlich schnell ab und dauert zwischen wenigen Jahrzehnten und mehreren Millionen Jahren.

Buntsandstein der Pfalz bei Dahn, Pferchfeldfelsen

Arten der Verkittung (Zementation)

Als Verkittung oder Zementation bezeichnet man die natürliche Verfestigung des Sandes durch die Ausfällung bzw. Einlagerung von Mineralen um die Sandkörner herum. Je nach Art des Zementes (Bindemittel) unterscheidet man verschiedene Arten:

- Quarzsandsteine verdanken ihre Verfestigung der Drucklösung und der Wiederausfällung von Quarz, die die Sandkörner miteinander verbindet. Diese Art des Zementes wird auch als kieseliges Bindemittel bezeichnet. Früher war dafür auch der Begriff *Kieselsandstein* gängig.
- Tonsandsteine enthalten als Bindemittel Tonminerale.
- Ferritische Sandsteine enthalten als Bindemittel Eisenoxide (Eisensandstein).
- Bei Kalksandsteinen (die nicht mit den künstlich hergestellten Kalksandsteinen verwechselt werden dürfen) füllt Calcit die Räume zwischen den Sandkörnern aus.
- Ein Sonderfall sind Sandsteine ohne Zemente, bei denen es durch starken Druck zur Verkittung der Sandkörner an den Kornoberflächen kommt (so genannte *quarzitische Sandsteine*).

Die verschiedenen Arten der Bindemittel treten zum Teil auch gemischt auf. In einem als *Golden Stone* (*Naboomspruit*) im Handel befindlichen Sandstein aus der Republik Südafrika finden sich beispielsweise handtellergroße Quarzsandsteinstücke eingelagert in einen Tonsandstein.

Verbreitung

Sandstein ist ein auf der Erdoberfläche sehr weit verbreitetes Gestein und kommt praktisch auf allen Kontinenten vor. Dort tritt er bevorzugt auf geologisch älteren Plattformen auf, die aber in ihrer Geschichte einst Beckenräume gewesen sind. Ein weiterer wichtiger Verbreitungs- und Entstehungsraum sind die aktuellen Schelfmeere und Kontinentalränder. Innerhalb von sehr alten kontinentalen Schilden, jungen Gebirgen und in den tiefen Ozeanbecken tritt er hingegen zurück.

Sandsteinformation im Garden of the Gods im US-Bundesstaat Colorado

Bodenbildung auf Sandstein

Auf Grund des Vorherrschens von Quarz entstehen in Mitteleuropa aus Sandstein im Allgemeinen nährstoffarme Böden, die außerdem zur Versauerung neigen. Je nach Wasserangebot und Entwicklungstiefe des Bodens findet man Ranker, Braunerden oder Podsole. Meist werden diese Böden forstwirtschaftlich genutzt (zum Beispiel im Thüringer Holzland).

Sandsteinfelsen in der Sächsischen Schweiz

Ausnahmen bilden hingegen Sandsteine mit einem kalkigen oder stark tonigen Bindemittel sowie Sandsteine, in die kalkige oder tonige Schichten eingelagert sind. Die Böden auf diesen Gesteinen sind dann meist nährstoffreicher und können auch landwirtschaftlich genutzt werden. Ein Beispiel sind Sandsteine des Keupers in Süddeutschland.

Eigenschaften als Naturwerkstein

Sandsteinbrüche in Ostermundigen bei Bern, Schweiz

Sandstein ist ein verbreitetes Baumaterial und wurde oft zum Pflastern, für Skulpturen und vor allem für Fassaden verwendet. Das Stadtbild prägende Sandsteinbauten findet man beispielsweise in Düsseldorf, Nürnberg oder in Dresden. Auch das Freiburger Münster ist größtenteils aus Sandstein erbaut. In Dresden verwendete man für den dekorativen Innenbereich und Skulpturen einen weichen Tonsandstein, den Cottaer Sandstein, und für tragende bzw. anders belastete Architekturteile einen silikatisch gebundenen Sandstein von der Elbe, wie er heute noch bei Pirna abgebaut wird. Die Farbe von Sandstein kann, genauso wie die von Sand, variieren, übliche Farben sind grau (ohne Beimengungen – wie zum Beispiel Ruhrsandstein aus Hohensyburg), gelb (durch enthaltenes Limonit – Ibbenbürener Sandstein), braun, rot (durch Hämatit – wie bei rotem Wesersandstein) und weiß (wie bei grau, nur ist die Oberflächenreflexion eine andere – Beispiel Rackwitzer Sandstein). Grün ist der früher südlich des westfälischen Soest abgebaute *Grünsandstein*; der heute bei Anröchte abgebaute glaukonithaltige Kalksandstein fällt hingegen etwas dunkler aus als der seit dem Mittelalter verwendete Grünsandstein.

Das Heidelberger Schloss, einheitlich aus rotem Buntsandstein

Grundsätzlich lassen sich bruchfrische Sandsteine handwerklich leichter als länger gelagerte bearbeiten. Ton- und kalkgebundene Sandsteine sind ein vergleichsweise weiches Gesteinsmaterial und daher in der Verarbeitung leichter als andere Sandsteinsorten. Gemeinsam ist allen Sandsteinen die fehlende Tausalzbeständigkeit. Die Frostfestigkeit ist je nach Sorte unterschiedlich. Bedingt durch die Polarität der Ablagerungsrichtung lassen sich „im Lager" (parallel zur Schichtung) und „gegen das Lager" (orthogonal zur Schichtung) geschnittene Sandsteine unterscheiden. Die dabei entstehenden Texturen an den Sichtflächen können sehr unterschiedlich ausfallen.

Trockenmauer einer Weinbergsbrache

Sandsteine werden oft in Form von Lesesteinen oder auch als natürliches Baumaterial aus Steinbrüchen der näheren Umgebung für Trockenmauern verwendet – bedeutende Biotope für zahlreiche sukkulente Pflanzen und wichtige Rückzugsräume für Insekten. In dem unverfugten Mauerwerk finden nicht nur Spinnen und Käfer Unterschlupf, sondern auch größere Tiere wie Eidechsen und Blindschleichen. Insbesondere in Weinbaugebieten prägen Trockenmauern aus Sandstein das Landschaftsbild der Flussläufe Süddeutschlands sowie der Einzugsgebiete von Rhein und Main.

Natursteinstypen

Natürliche Ausspülung im Navajo Sandstone (Antelope Canyon in Arizona)

Wirtschaftlich genutzte und weitere Sandsteinsorten sind beispielsweise (siehe Liste der Sandsteine):

- Baumberger Sandstein
- Bentheimer Sandstein
- Elbsandstein
- Anröchter Stein (Grünsandstein)
- Ibbenbürener Sandstein
- Obernkirchener Sandstein
- Osning-Sandstein
- Rorschacher Sandstein
- Ruhrsandstein
- Teutoburgerwald-Sandstein
- Wesersandstein
- Worzeldorfer Sandstein

Weitere Typen

- Eisensandstein
- Eschweiler Kohlensandstein
- Rotsandstein

Siehe auch

- Liste der Gesteine

- Flysch - Wechselschichtung aus Sand- und Tonstein, die zu Bergrutschen neigt

Literatur

- Reinhard Feldrapp: *Faszination Sandstein. Die Sandstein-Triennale das Kronacher Kunstvereines.* Angles, Kronach 2003, ISBN 3-922162-55-X.

Weblinks

- Mineralienatlas:Sandstein
- Sandsteinvorkommen in Deutschland [1]
- Baumberger Sandsteinmuseum [2]
- Sandschätze im Nürnberger Reichswald [3]
- Petrographie des Sandsteins [4]

References

[1] http://www.geodienst.de/sandstein.htm
[2] http://www.sandsteinmuseum.de
[3] http://www.landratsamt-roth.de/Resourceimage.aspx?raid=2815
[4] http://www.geodienst.de/petrographiedessandsteins.htm

Dolomit_(Gestein)

Dolomit, wissenschaftlich **Dolomitstein**, ist ein Karbonat-Gestein, das zu mindestens 90 Prozent aus dem Mineral Dolomit (chemische Formel $CaMg(CO_3)_2$ („$CaCO_3 \cdot MgCO_3$") besteht. Bei geringeren Gehalten an Dolomit liegt ein dolomitischer Kalkstein vor. Dolomitstein ist im Idealfall weiß, häufig aber elfenbeinfarben, hellgrau, graugelb oder grüngrau.

Dolomit

Eigenschaften, Diagnose

Dolomitsteine sind im Vergleich zum chemisch verwandten Kalkstein etwas härter, aber sehr viel spröder. Da das Mineral (wie Calcit) sehr stark doppelbrechend ist, wirken die Gesteine hellfarbig und nicht durchscheinend (opak), ähnlich wie auch Kalksteine. Ein erster Hinweis auf Dolomit ergibt sich aus einer splittrigen Felsoberfläche, zumindest wenn diese nicht bearbeitet wurde. Dieses Fehlen von glattgewaschenen Flächen ist ein Gegensatz zum Kalkstein. Vom Geländegeologen diagnostiziert werden sie durch ihre sehr langsam ablaufende Reaktion mit Säure. Ein Tropfen Salzsäure (Empfehlung: 5- bis 10-prozentig) entwickelt nur langsam kleine Gasbläschen von Kohlensäure; in der Kälte dauert die Reaktion stundenlang; im Gegensatz zum Kalk, der sich unter heftigem Zischen (Kohlensäurebläschen) in einigen Sekunden löst. Siehe auch Dolomit (Mineral). Durch die langsame Reaktionsgeschwindigkeit bildet Dolomitgestein Karsterscheinungen in wesentlich geringerem Maße und von anderer Art als Kalkstein.

Will man in einem Mischgestein aus Kalk und Dolomit die unterschiedlichen Materialien sichtbar machen, empfiehlt sich eine Färbung mit Reagenzien, die auf Magnesium ihre Farbe ändern. Ein Beispiel hierfür ist ein Nachweis mit

Chinalizarin.

In der Literatur wird oft von einem „zuckerkörnigen“ Aussehen gesprochen. Das bezieht sich auf den Aufbau aus feinen Kriställchen, die jedoch weit feinkörniger als der heute übliche Handelszucker sind, aber grobkörniger als beim Kalkstein. Im Sonnenlicht kann man jedoch deren Spaltflächen glitzern sehen. Diese feine Kristallinität ist einer Umkristallisation während oder kurz nach der Sedimentation zuzuschreiben. Setzt die Dolomitisierung frühdiagenetisch ein, bleiben Gefügemerkmale und Fossilien enthalten. Doch eine spätdiagenetische Dolomitisierung verwischt jegliche Gefügemerkmale und Fossilien des Ausgangsgesteins. Daher kann über den Fossilinhalt keine Aussage getroffen werden. Dies erschwert häufig die stratigraphische Zuordnung von dolomitischen Gesteinsformationen.

Mechanische Eigenschaften[1]

Eigenschaft	von	bis	Einheit
Biegezugfestigkeit	9	15	N/mm^2
Druckfestigkeit	125	250	N/mm^2
Elastizitätsmodul	16000	80000	N/mm^2
Rohdichte ρ	2400	2900	kg/m^3

Entstehung

Dolomitgesteine sind entweder durch die primäre Ausfällung von Dolomit oder viel wahrscheinlicher durch die sekundäre Dolomitisierung von Kalkschlamm entstanden, siehe dazu der Aufsatz „dolomite“ in der englischen Wikipedia (ETH Zürich). Hier wird durch neuere Forschungen die Bedeutung von Schwefelbakterien und Fäulnis für die Entstehung von Dolomit an rezenten Beispielen von Lagunen in Brasilien angegeben. Zusammengefasst könnte man das mit der Gleichung beschreiben:

oder einfacher:

wobei sich „$MgCO_3$“ gleich mit dem schon vorhandenen Kalkschlamm zu Dolomit verbindet. „CH_4“ steht hier stellvertretend für die organische Substanz. Das Magnesium stammt von eingedicktem Meerwasser; durch den Salzgehalt im Boden wird das Bodenwasser schwer und tauscht sich nicht mehr mit der Oberfläche aus; es findet also Sauerstoffaustausch nur noch durch Diffusion statt; die organische Substanz zerfällt unter Fäulnis.

Relativ häufig sind Riffgesteine dolomitisiert. Das mag teils an der Porosität des Riffes liegen, die selbst in größerer Versenkung eine Zirkulation der Lösungen ermöglicht; teilweise (zumindest bei Korallenriffen) auch daran, dass der Korallenkalk aus dem instabilen Mineral Aragonit besteht, somit die Umwandlung leichter geht.

Vorkommen

Dolomit ist als Gestein weltweit verbreitet und tritt naturgemäß oft mit Kalkstein vergesellschaftet auf. In Europa sind Dolomite in den geologisch jungen alpidischen Gebirgen (z. B. den Dolomiten) sehr häufig zu finden. Deutsche Vorkommen von Dolomit und dolomitischen Kalksteinen gibt es vor allem in West- und Süddeutschland, so in der Eifel, im Ostwestfälischen Bergland, auf der Schwäbisch- und auf der Fränkischen Alb. aber auch am westlichen und südlichen Harzrand, im Thüringischen Schiefergebirge und in Teilen des Vorspessarts kommt Dolomit vor. Sehr mächtige Dolomitvorkommen finden sich in der Schweiz in den Alpen, auch in den bayrischen Vorbergen, siehe Hauptdolomit. Der als „Anröchter Dolomit“ bekannte Naturwerkstein aus dem Sauerland ist jedoch ein glaukonischer Sandstein und kein Dolomit. Die Bruchbetriebe haben seit 2004 den Namen auf „Anröchter Grünstein“ geändert. Das einzige abbauwürdige Vorkommen in Ostdeutschland befindet sich in Sachsen - bekannt als Ostrauer Plattendolomit. Kleinere Vorkommen finden sich auch an Mosel und Sauer (Trier bis Perl). Der einzige

Dolomit-Steinbruch an der Mosel befindet sich in Palzem/Schloss Thorn. An der Sauer ist hier Mesenich zu nennen.

Natursteinsorten

- Kleinziegenfelder Dolomit (Oberfranken; Dietfurt)
- Wachenzeller Dolomit (Oberbayern)
- Salzhemmendorfer Dolomit (Weser-Leine-Bergland)
- Harzer Dolomit Nüxei (Harz/Südharz)
- Meskalith, in der Nähe von Trier (Rheinland-Pfalz)

weitere Vorkommen: Massenkalk (Bergisches Land, Sauerland); Hösbach-Rottenberg (Unterfranken) Zechsteindolomit. Hauptdolomit in den Alpen.

Ausländische Sorten:

- Libiaz (Polen).
- Insel Saaremaa/Estland
- Norwegen

Muster des Salzhemmendorfer Dolomits

Verwendung

Dolomit wird für Bodenbeläge aller Art (geschnitten oder bruchrauh), zum Bau von Natursteinmauern und Trockenmauern, als Randsteine, als Palisaden, als Steinblöcke, als Gestaltungsstein zum Bau von Stützmauern und als Pflasterstein eingesetzt. Zerkleinert dient er vor allem auch als Zusatzstoff bei der Herstellung von Stahl in Hochöfen. Darüber hinaus ist er Hauptbestandteil von Mineralwolle und technische Glase, Einsatz in Bodenstabilisierung sowie als Düngekalk für die Landwirtschaft. Pulverisierter Dolomit wurde einst als „Wiener Kalk“ bezeichnet und als Scheuermittel verkauft; seine Härte ist gerade richtig, um Kalkbeläge abzukratzen, aber Glas und Porzellan unberührt zu lassen. In sogenannten Brechanlagen wird der Dolomit auch zu Zuschlagstoffen für den Straßenbau und die Betonherstellung verarbeitet. Als Grobschotter dient er auch zur Füllung von Gabionen (Schotterkörbe).

Granuliertes Dolomit wird als kieselsäurefreies (SiO_2-freies) Filtermaterial in der Wasseraufbereitung verwendet. Für verschiedenen weitere Einsatzbereiche in der Wasseraufbereitung wird Dolomit gebrannt. Hierbei bildet sich bei ca. 900 °C aus Dolomit („$CaMg(CO_3$“$)_2$) **gebrannter Dolomit** („$CaMgO_2$“ = „CaO·MgO“). Bei niedrigerer Brenntemperatur entsteht **halbgebrannter Dolomit** („$CaCO_3$·MgO“) auch *Magno* genannt, der in der Trinkwasseraufbereitung zur Entsäuerung (Bindung von überschüssigem CO_2) eingesetzt wird. Dabei reagiert vorzugsweise die MgO-Komponente. Weiteres unter Magno (Chemikalie).

Geschichte

Dolomit ist nach dem französischen Geologen Déodat de Dolomieu (1750 - 1801) benannt. Dolomieu machte eine Reise in den damals als „Bleichen Berge“ oder „monti pallidi“ bezeichneten Teil der Südalpen, im Bereich der Sprachgrenzen (Deutsch/Ladinisch/Italienisch). Nach seinen Vorinformationen würden diese Berge aus „Kalk“ bestehen; er fand zunächst, dass sich das Gestein nur extrem langsam in Säure auflöste. Er ging dem Problem nach und fand, dass sich das Gestein – wie Kalk ein Karbonat – zu chemisch äquivalenten Anteilen aus „Kalkerde“ (CaO) und „Magnesiaerde“ (MgO) zusammensetzte (die Elemente waren damals noch nicht bekannt). Dolomieu wollte das neue Gestein zu Ehren seines Lehrers, des Mont-Blanc-Besteigers De Saussure, als *Saussurite* bezeichnen. Bald darauf starb er aber selbst, und die Wissenschaftsgemeinde benannte das Mineral und das Gestein nach ihm, und darum tragen auch die „Bleichen Berge“ der Südalpen heute Dolomieus abgewandelten Namen.

Einzelnachweise

[1] *Dolomitstein.* (http://www.materialarchiv.ch/detail/398#/detail/398/dolomitstein) Abgerufen am 31. August 2010.

Weblinks

- Freie Universität Berlin: Vorlesung Chemische Sedimente (http://userpage.fu-berlin.de/~voelker/Vorlesung_Chemische/dolomit.html)

Kalkstein

Kalkstein mit Einlagerung am kleinen Barmstoa in Bayern

Als **Kalkstein** werden Sedimentgesteine bezeichnet, die ganz überwiegend aus dem chemischen Stoff Calciumcarbonat ($CaCO_3$) in Form der Mineralien Calcit und Aragonit bestehen.

Kalkstein ist ein äußerst variables Gestein; das betrifft sowohl seine Entstehung als auch seine Eigenschaften, das Aussehen und die wirtschaftliche Verwendbarkeit. Es gibt daher innerhalb der Geologie eine eigene Fachrichtung, die *Karbonatsedimentologie*, die sich ausschließlich mit der Entstehung und den Eigenschaften der verschiedenen Kalksteintypen befasst. Der größte Teil aller Kalksteine ist biogener Entstehung (von Lebewesen abgelagert), es gibt aber auch chemisch ausgefällte und klastische Kalksteine.

Kalksteine besitzen eine enorme wirtschaftliche Bedeutung als Rohstoff für die Bauindustrie und als Naturwerkstein. Des Weiteren sind solche Lagerstätten Speichergestein für Erdöl und Erdgas.

Begriffsklärung

Die Seven Sisters an der südenglischen Kreideküste

Der Begriff *Kalkstein* wird sowohl in der Umgangssprache als auch in der technischen und wissenschaftlichen Fachsprache anders verwendet. Während man in der Wissenschaftssprache den Begriff relativ umfassend verwendet und außer den stark verfestigten Kalksteinen auch relativ mürbe Gesteine wie die *Kreide* den Kalksteinen zurechnet, ist der Begriff in der Baustoffindustrie eher auf stark verfestigte Kalke eingeschränkt.

Weiterhin bezeichnet man in der Naturwerksteinindustrie polierfähige Kalksteine oft als „Marmor“, obwohl sie im geologischen Sinne keine Marmore sind. *Marmor* ist in den Geowissenschaften ein metamorphes Gestein.

Zusammensetzung

Stinkkalk (Zechstein, Marsberg)

Kalkstein besteht überwiegend aus den Mineralen Calcit und Aragonit, zwei Kristallisationsformen von Calciumcarbonat (kohlensaures Calcium $CaCO_3$). In mehr oder minder schwankenden Anteilen kommen andere Minerale vor. Dazu zählen Tonminerale, Dolomit ($CaMg(CO_3)_2$), Quarz, Gips und andere. Überwiegt der Dolomitanteil, so spricht man vom Gestein Dolomit. Besitzt der Kalkstein einen relativ hohen Anteil an Tonmineralen, so bezeichnet man ihn dann als Mergel. Kalkstein kann auch bis zu mehreren Prozent organische Substanz enthalten und wird dann bituminöser Kalk (bei Vorhandensein von Schwefelwasserstoff auch Stinkkalk) genannt.

Entstehung von Kalkstein

Kalksteine können innerhalb der Sedimentgesteine mehreren Typen angehören. Der überwiegende Teil der Kalksteine ist aber biogenen Ursprungs, das heißt er wurde von Lebewesen gebildet und abgelagert. Kalkstein kann aber auch durch chemische Prozesse (die wiederum von Lebewesen beeinflusst werden können) aus dem Wasser ausgefällt werden. Weiterhin kann ein Gestein, welches aus Calciumcarbonat besteht (Kalkstein oder Marmor), abgetragen, transportiert und an anderer Stelle als klastisches Sediment wieder abgelagert werden.

Biogener Kalkstein

Kalkstein aus dem Devon

Bei biogener Herkunft wird Kalkstein meistens von Mikroorganismen oder gesteinsbildenden Korallen abgelagert. Untergeordnet findet man auch Kalksteine, die zum überwiegenden Teil aus Schnecken, Muscheln oder Schwämmen bestehen. In jedem Fall besteht das Gestein dann aus Calciumcarbonat, welches Bestandteil der Lebewesen war und zum Aufbau von Außen- oder Innenskeletten abgeschieden wurde.

Von Mikroorganismen abgelagerter Kalkstein

Von Mikroorganismen abgelagerte Kalksteine – auch die *Kreide* zählt dazu – sind für gewöhnlich feine, mikrokristalline Sedimentgesteine, die durch Ablagerung von Schalen fossiler Kleinstlebewesen, vor allem Coccolithen der Coccolithophoriden und Schalen der Foraminiferen, entstanden sind. Auch kalkabscheidende Algen und Bakterien (Stromatolithen) können gesteinsbildend werden. Aufgrund ihrer oft massigen Struktur werden sie auch als *Massenkalke* bezeichnet. Man findet im Gestein aber auch ausgefällten Calcit, so dass fließende Übergänge zum ausgefällten Kalkstein existieren. Mehr oder weniger häufig und oft an eng begrenzte Lagen gebunden finden sich mit bloßem Auge erkennbare Makrofossilien, die damit Übergangsstufen zu den Fossilkalken anzeigen.

Das Gestein entsteht, wenn nach dem Tod der Lebewesen die Schalen zu Boden sinken und zunächst sogenannte Kalkschlämme bilden. Kalkschlämme können sich im offenen Ozean jedoch nur bis zu einer bestimmten Tiefe bilden. Unterhalb der sogenannten Carbonatkompensationslinie wird aufgrund des Wasserdruckes das Calciumcarbonat vollständig gelöst, so dass die Sedimente unterhalb dieser Linie stets carbonatfrei sind. Die Tiefe der Carbonatkompensationslinie schwankt; sie liegt zum Beispiel in den Tropen zwischen 4500 und 5000 Meter

Wassertiefe.

Durch die Diagenese der Schlämme entsteht dann fester Kalkstein. Während der Verfestigung bilden sich neue Calcitkristalle. Dabei wird der größte Teil des ursprünglich vorhandenen Aragonits in Calcit umgewandelt. So können Hohlräume mit später (sekundär) gebildeten Kristallen ausgefüllt oder durch starke Umkristallisierung die bestehenden Sedimentstrukturen mehr oder weniger vollständig verwischt werden.

Fossilkalke

Als Fossilkalke bezeichnet man Gesteine, die zum überwiegenden Teil aus mit bloßem Auge sichtbaren Fossilien bestehen. Weltweit am häufigsten sind *Korallenkalke*, da durch ihr Wachstum an Korallenriffen bedeutende Gesteinsmächtigkeiten entstehen können. Andere, häufig zu findende Fossilkalke benennt man nach ihren (hauptsächlichen) Gesteinsbildnern Molluskenkalk, Foraminiferenkalk (auch Nummulitenkalk), Brachiopodenkalk, Bryozoenkalk, Goniatitenkalk, Crinoidenkalk oder nach anderen Tiergruppen. Nulliporenkalk entsteht durch kalkabscheidende, mehrzellige Algen. Gesteine oder Lagen innerhalb von sonst massigen Kalksteinen, die hauptsächlich aus Muschelschalen bestehen, bezeichnet man als *Schill* oder *Muschelschill*.

Roter Kalkstein mit Crinoiden

Bei den im Kalkstein erhaltenen Fossilien unterscheidet man zwischen Lebensgemeinschaften und Grabgemeinschaften. Lebensgemeinschaften repräsentieren die an Ort und Stelle vorkommenden Organismen und werden unmittelbar nach ihrem Tod in das Sediment eingebettet oder sind als bodenbewohnende Lebewesen bereits eingebettet. Grabgemeinschaften werden durch Strömungen und andere Transportmechanismen verfrachtet und an geeigneter Stelle (z. B. Stromschatten) wieder abgelagert. Die darin enthaltenen Lebewesen haben meist nicht ein Biotop bewohnt.

Während Korallen- und andere *Riffkalke* sich als bereits recht feste Kalksteine bilden, durchlaufen die anderen Fossilkalke zunächst eine diagenetische Verfestigung ähnlich den oben erläuterten Massenkalken. Durch nachträgliche Umkristallisierungen können sich alle Fossilkalke, auch die Riffkalke, deutlich verändern.

Chemisch und biogen ausgefällter Kalkstein

Natürlich vorkommendes Wasser (sowohl Meer- als auch Süßwasser) enthält immer in mehr oder weniger großen Mengen Calciumcarbonat, für gewöhnlich wird es als Calciumhydrogencarbonat gelöst, da seine Löslichkeit deutlich größer ist als die des Carbonat-Ions. Wird Carbonat bis zur Sättigung der Lösung zugeführt oder sinkt umgekehrt das Löslichkeitsvermögen des Wassers, so wird Calciumcarbonat aus der übersättigten Lösung ausgefällt. Dieses war vorher kein Bestandteil von Lebewesen. Damit können Kalksteine Bestandteil von Evaporitserien sein. Innerhalb der Eindampfungsfolge tritt Kalkstein wegen der vergleichsweise geringen Löslichkeit des Carbonats an der Basis der Gesteinsserie auf. Er wird als erstes abgeschieden. Im Hangenden folgt meist Gips und darüber die leicht löslichen Salzgesteine, zum Beispiel Steinsalz. Im Meer können Calcitkristalle

Kalksinterablagerung aus einem römischen Aquädukt; gut erkennbar ist die unterschiedlich starke, aber dichte Sinterschichtung (Durchschnitt 1 mm/Jahr).

nur in den obersten 200 m abgeschieden werden, da in größeren Tiefen durch den zunehmenden Wasserdruck die Löslichkeit für Kohlendioxid zunimmt und deshalb keine übersättigten Lösungen mehr auftreten. Die ausgefällten Kristalle können aber bis zur Carbonatkompensationslinie absinken.

Die Fällung des Calciumcarbonats kann völlig ohne Beteiligung von Lebewesen ablaufen, wird aber meist durch die Aktivität von Lebewesen (vor allem Algen, im Süßwasser auch Moose) unterstützt. Die Photosynthese der Pflanzen verbraucht das Kohlendioxid im Wasser, so dass zur Beibehaltung des Lösungsgleichgewichtes Hydrogencarbonat-Ionen sich wieder in Kohlendioxid und Carbonat-Ionen aufspalten. Da Carbonat-Ionen deutlich schlechter löslich sind als Hydrogencarbonat-Ionen, wird nun verstärkt Calcit aus der Lösung ausgefällt.

Die Fällung des Calcits geschieht sowohl innerhalb der Wassersäule als auch am Grunde von Gewässern direkt am Untergrund. Im ersten Fall bilden sich im Wasserkörper mikroskopisch kleine Kristalle, die zu Boden sinken und dort ebenfalls Kalkschlämme bilden. Ihre Diagenese führt dann zu einem festen Kalkstein. Im zweiten Fall wachsen die Calcitkristalle direkt auf andere Kristalle am Gewässergrund auf, so dass sie sich auch in Fließgewässern absetzen können. Dieser Mechanismus ist für die Entstehung von Travertin notwendig.

Klastische Kalksteine

Nahaufnahme von Marès, ein Kalkarenit von der Insel Mallorca

Klastische Sedimentgesteine können unter bestimmten Bedingungen fast vollständig aus Calciumcarbonat bestehen und werden dann meistens als Kalkstein bezeichnet. Streng genommen sollten sie in eine der Kategorien der klastischen Sedimente eingeordnet werden. Für gewöhnlich haben diese Sedimente eine große Korngröße, da bei kleineren Partikeln Carbonat schnell zerstört wird. Ebenso wurden aufgrund der geringen mechanischen und chemischen Widerständigkeit die Körner meist nur über kurze Entfernungen transportiert. Am weitesten verbreitet sind sogenannte Riffhangbrekzien, bei denen sich am Fuße eines Korallenriffes abgebrochenes, meist eckiges Riffmaterial ansammelt. Petrographisch handelt es sich dabei eher um eine Brekzie als um einen Kalkstein. Ein besonderer Fall ist der Kalkarenit, in dem fossile Bruchstücke mit Bruchstücken anderer Kalkgesteine vermischt sind, die in marinen Flachwasserzonen entstanden. In manchen Fällen bindet eine noch feinkörnigere mikritische Masse die kleinen Klasten.

Einteilung der klastischen Kalksteine (nach der durchschnittlichen Korngröße):

- Rudit > 2 mm
- Arenit 2–0,063 mm
- Siltit 0,063–0,004 mm
- Lutit 0,004–0,001 mm
- Kryptit < 0,001 mm

Aussehen

Kalksteine besitzen in den meisten Fällen eine helle, graue bis graugelbe Farbe. Durch Beimengungen anderer Minerale (zum Beispiel von Eisenverbindungen) kommen aber auch kräftigere, vor allem rote Farben recht häufig vor. Bituminöse Kalksteine können auch dunkelgrau bis schwarz gefärbt sein. Chemisch ausgefällte Kalksteine oder von Mikroorganismen abgelagerte Kalksteine sind für gewöhnlich feinkörnig und dicht. Je nach Entstehungsbedingungen findet man dort mehr oder weniger häufig Fossilien. Fossilkalke besitzen hingegen zahlreiche gut erkennbare Fossilien. Diese Kalke enthalten oft Poren und andere Hohlräume. Extrem große Hohlräume enthalten Süßwasserkalke, vor allem Travertin.

Dichter roter Kalkstein

Verwitterung des Kalksteines, Karst und Süßwasserkalke

Wegen der vergleichsweise guten Löslichkeit des Carbonates ist Kalkstein ein gegenüber der chemischen Verwitterung relativ anfälliges Gestein und bildet daher spezielle Lösungsformen aus. Umgekehrt kann aber das gelöste Carbonat wieder ausgefällt werden und ebenfalls spezielle Gesteine und Formen (Kalktuff, Kalksinter, Travertin) hervorbringen. Beides wird unter der Bezeichnung Verkarstung oder Karst zusammengefasst.

Verkarsteter Dachsteinkalk, Kehlstein (Berchtesgaden)

Auf der Verwitterung ausgesetzten Kalksteinen bildet sich ein charakteristischer Bodentyp, die Rendzina heraus. Verwittert Kalkgestein im Untergrund entstehen Höhlen. Im Zusammenspiel verschiedener Faktoren bilden sich Tropfsteinhöhlen wie beispielsweise die Erdmannshöhle in Hasel. Die Tropfsteine in diesen Höhlen wachsen als Kalksinter.

Wirtschaftliche Verwendung

Je nach ihren Eigenschaften sind Kalksteine äußerst vielseitig verwendbar. Vor allem dichte Kalksteine werden als leicht zu bearbeitende Naturwerksteine verwendet.

Für die Baustoffindustrie ist Kalkstein einer der wichtigsten Rohstoffe. Dafür wird er in Kalkwerken aufbereitet und zu Branntkalk umgesetzt. Oder er wird gemahlen und mit tonigen Materialien vermischt zu Zement gebrannt, welcher das Bindemittel für die Herstellung von Beton (Gemisch aus Zement, Wasser und Zuschlagstoffen wie Sand und Kies) darstellt. Kalkstein wird ebenso in der Glasindustrie verwendet, da es Calcium in die Glasschmelze einbringt.

Kalksteinbruch auf Sardinien

Als Karbonat dient Kalkstein der Rauchgasentschwefelung. Fein gemahlener Kalkstein wird in der Land- und Wasserwirtschaft gegen die Versauerung von Boden und Gewässer benutzt. Die

Kalziumverbindung findet als Zuschlag in der Glasindustrie und zur Schlackebildung in der Hüttenindustrie Verwendung. Auf Grund dieser Zusammensetzung wird Kalkstein auch als Düngemittel eingesetzt.

Sehr reine Kalksteine (Weißkalk) sind Rohstoff für die Chemische Industrie oder werden zu Terazzo weiterverarbeitet (Ulmer Weißkalk).

Poröse Kalksteine, vor allem die Fossilkalke, sind eines der wichtigsten Speichergesteine für Erdöl und Erdgas. Die reichsten Erdöllagerstätten der Erde auf der Arabischen Halbinsel befinden sich in Riffkalken, die im Jura und in der Kreidezeit entstanden sind. Deshalb dient Kalkstein als Indikator bei der Prospektion von Lagerstätten.

Bucht von Gislöv mit den dortigen Kalksteinfelsen, die erkennbar als Steinbruch für Mühlsteine genutzt wurden

Vorkommen

Allgemein

Kalksteine sind auf den Kontinenten und Schelfen sehr weit verbreitete Gesteine. Man findet sie sowohl auf relativ alten geologischen Tafeln als auch in geologisch jungen Gebirgen. Innerhalb der sehr alten Schilde und den tiefen Meeresbecken treten sie jedoch zurück. Der allergrößte Teil der Kalksteine wurde ursprünglich im (Flach-)Meer gebildet und durch tektonische Prozesse über den Meeresspiegel gehoben. Terrestrische (auf dem Festland gebildete) Kalksteine benötigen fast immer ältere Kalksteinvorkommen in der Nähe, die als Liefergebiet des Calciums notwendig sind. Zum Beispiel sind die Travertinvorkommen in Thüringen immer an das Vorhandensein der Kalksteine aus dem Muschelkalk gekoppelt.

Europa

Große Kalksteinvorkommen befinden sich in Mitteleuropa im mittleren und südlichen Teil Deutschlands (dort vor allem Kalksteine aus dem Muschelkalk und dem oberen Jura), im Schweizer und Französischen Jura sowie in den nördlichen und südlichen Alpen. Weiterhin sind Kalksteine auch als eiszeitliches Geschiebe in Norddeutschland sehr häufig zu finden. Die Kalksteingeschiebe stammen dabei meist aus Süd- und Mittelschweden sowie aus dem mittleren und nördlichen Ostseebecken.

Der Burren ist eine großflächige Karstlandschaft in Irland

Großlandschaften, die ganz überwiegend von Kalkstein geprägt werden, sind zum Beispiel die Schwäbische und die Fränkische Alb, sowie die nördlichen Kalkalpen. Das bekannteste Abbaugebiet befindet sich im Altmühltal mit dem Solnhofener Plattenkalk und dem Jurakalkstein. Zu einer der ältesten Abbaustätten für Kalkstein zählt der historische Kalksteinbruch Rüdersdorf in Brandenburg, der auf die Arbeit der Zisterzienser im 13. Jahrhundert zurückgeht.

Bedeutende Travertinvorkommen befinden sich in Deutschland zum Beispiel in Stuttgart-Bad Cannstatt und im Thüringer Becken (z. B. Weimar-Ehringsdorf).

Kreide tritt an zahlreichen Standorten entlang des europäischen Kreidegürtels zutage. Der Gürtel reicht von Großbritannien über Frankreich bis in die mittlere Ostsee und wird stellenweise auch abgebaut.

Sonderformen des Kalksteines

Besondere Varietäten:

- Faxekalk
- Kalkarenit

Süßwasserkalke:

- Tropfstein
- Steinerne Rinne
- Mondmilch
- Kalk-Sinterterrassen von Pamukkale, Mammoth Hot Springs und im Nationalpark Plitvicer Seen

Sinterterrassen in Pamukkale, Türkei

Natursteinsorten

Bänke des miozänen Kalksteins Marès an der Küste von der Halbinsel Punta de n'Amer auf Mallorca

- Adneter Kalkstein (Österreich)
- Kaiserstein
- Jura-Kalkstein (Bayern)
- Solnhofener Plattenkalk (Bayern)
- Krensheimer Muschelkalk (Bayern)
- Elmkalkstein (Niedersachsen)
- Cannstatter Travertin (Baden-Württemberg)
- Oberdorlaer Kalkstein (Thüringen)
- Blaustein (Naturstein) (Nordrhein-Westfalen)
- Tardos (Ungarn)
- Belgisch Granit bzw. Petit Granit (Belgien)
- Vinalmont (Belgien)
- Irish Limestone (Irland)
- Savonnières (Frankreich]
- Marès (Mallorca)
- Meleke (Israel)

Siehe auch

- Liste der Gesteine
- Liste der Gesteine nach Genese
- Kalkablagerung
- Kalkwerk
- Oberflächen von Naturwerkstein

Literatur

- Walter Maresch, Olaf Medenbach: *Gesteine.* Mosaik, München 1996, ISBN 3-576-10699-5 (*Steinbachs Naturführer.*).

Eurasische_Platte

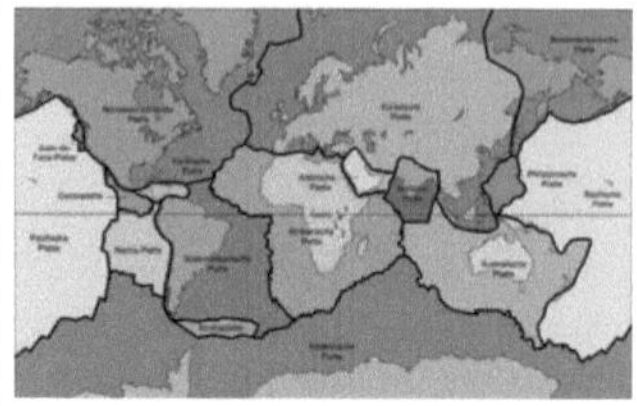

Übersicht der größeren Lithosphärenplatten

Die **Eurasische Platte** ist eine der größten Kontinentalplatten (bzw. tektonischen Platten) der Erde. Sie erstreckt sich unter fast dem gesamten eurasischen Großkontinent, mit Ausnahme des indischen Subkontinents und des Fernen Ostens Russlands. Die Kontinentalplatte trägt auch Indonesien, die Philippinen, den Süden Japans und einen Teil Islands sowie die östliche Hälfte des Nordatlantik und große Teile des Nordmeeres. Ihr westlicher Teil wird vor allem im Zusammenhang mit der Entstehung der Alpen auch als **Europäische Platte** bezeichnet.

Island: zwischen nordamerikanischer und eurasischer Platte

Die Eurasische Platte grenzt – im Uhrzeigersinn von Westen aus – an die Nordamerikanische Platte, die Philippinische Platte, die Australische Platte, die Indische Platte, die Arabische Platte, die Anatolische Platte, die Hellenische Platte, die Apulische Platte und an die Afrikanische Platte. Möglicherweise existieren in den Übergangszonen zu den großen Nachbarplatten einige weitere kleinere Platten (Mikroplatten wie z. B. die Adriatische Platte); ihre Existenz ist aber noch nicht zweifelsfrei geklärt.

Weblinks

- Geology and Geography of Tibet and Western China [1] (englisch)

References

[1] http://www.shangri-la-river-expeditions.com/wchinageo/wchinageo.html

Afrikanische_Platte

Die **Afrikanische Platte** ist eine der größten Kontinentalplatten (bzw. tektonischen Platten) der Erde. Sie erstreckt sich unter dem gesamten afrikanischen Kontinent sowie unter einem Teil der umliegenden Meere.

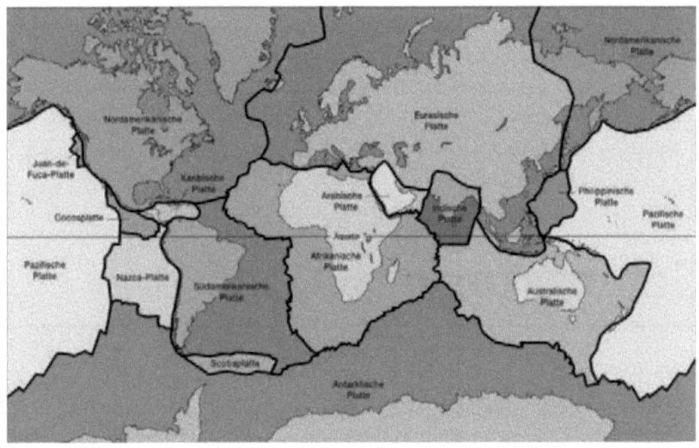

Übersicht Lithosphärenplatten (unter Vernachlässigung sogenannter Mikroplatten)

Die Afrikanische Platte grenzt - von Norden aus im Uhrzeigersinn - an die Eurasische Platte, die Apulische Platte, die Hellenische Platte, die Anatolische Platte, die Arabische Platte, die Indische Platte, die Australische Platte, die Antarktische Platte, die Süd- und an die Nordamerikanische Platte. Möglicherweise existieren in den Übergangszonen zu den großen Nachbarplatten einige weitere kleinere Platten; ihre Existenz ist aber noch nicht zweifelsfrei geklärt. Konsens ist, dass sich vor ca. 60 Millionen Jahren im Norden die Apulische Platte von der Afrikanischen löste, die besonders mit dem Adriasporn entscheidend in die Auffaltung der Alpen eingriff.[1] [2] [3]

Grabenbruch

Weitgehend anerkannt ist heute die Annahme, dass die Afrikanische Platte in ihrem östlichen Teil zerbricht und entlang des *Großen Afrikanischen Grabenbruches* eine neue Plattengrenze entsteht. Der sich abspaltende östliche Teil wird üblicherweise als *Somaliplatte* bzw. *Somalische Platte* bezeichnet[4] [5] [6] . Für die verbleibende Afrikanische Platte wird in Fachkreisen zumeist die Bezeichnung **Nubische Platte** verwendet[7] [8] [9] . Zwischen diesen beiden großen Lithosphärenplatten werden weitere kleine Bruchstücke, sogenannte Mikroplatten, postuliert. Diese Vermutung basiert auf GPS-Messungen, die auf unterschiedliche Absolutbewegungen verschiedener Messpunkte hinweisen. Als Grenzverläufe zwischen den einzelnen Platten werden dabei Zonen mit stärkerer Erdbebentätigkeit angenommen. Zwischen dem westlichen und dem östlichen Zweig des ostafrikanischen Grabensystems würde demnach die *Viktoriaplatte* liegen, sowie südlich davon die *Rowumaplatte*[10] [11] . Der Norden Madagaskars könnte nach einer Studie teilweise auf der künftigen *Somaliplatte* liegen[12] [13] , während der südliche Bereich einer der Mikroplatten mit der Bezeichnung *Lwandleplatte* zuzuordnen sei[14] [11] .

Einzelnachweise

[1] http://www.naturpark-zillertal.at/natur-kultur/geologie.html

[2] http://www.mare-mundi.eu/geologie/entstehung-des-mittelmeeres.html

[3] http://www.uibk.ac.at/ipoint/news/uni_intern/315131.html

[4] http://www.welt.de/print-welt/article268736/Ein_Riss_durch_die_Kontinente_wird_durchleuchtet.html

[5] http://www.hoelzel.at/geojournal/archiv/kopiervorlagen/1999_01/index.html

[6] http://www.virtours.ch/t3/fileadmin/Geografie/Works/2005-07-13_Kilimanjaro.pdf

[7] http://www.scinexx.de/dossier-detail-316-5.html

[8] http://www.oberrheingraben.de/Graben/Ostafrika.htm

[9] http://adsabs.harvard.edu/abs/2002AGUSM.T31A..12H

[10] E. Calais, C. Hartnady, C. Ebinger, J. M. Nocquet: *Kinematics of the East African Rift from GPS and earthquake slip vector data.* In: G. Yirgu, C. Ebinger, P. K. H. Maguire (Hrsg.): *Structure and Evolution of the Rift Systems within the Afar volcanis province, Northeast Africa.* Geological Society Special Publications, Bd. 259, 2006 S. 9–22 (doi: 10.1144/GSL.SP.2006.259.01.03 (http://dx.doi.org/10.1144/GSL.SP.2006.259.01.03)).

[11] D. S. Stamps, E. Calais, E. Saria, C. Hartnady, J.-M Nocquet, C. J. Ebinger, R. M. Fernandes: *A kinematic model for the East African Rift.* In: *Geophys. Res. Lett.* 35, 2008, L05304, (doi: 10.1029/2007GL032781 (http://dx.doi.org/10.1029/2007GL032781)).

[12] F. Jestin, P. Huchon, J. M. Gaulier: *The Somalia plate and the East African Rift System: present-day kinematics.* In: *Geophysical Journal International.* 116, Nr. 3, 1994, S. 637–654 (doi: 10.1111/j.1365-246X.1994.tb03286.x (http://dx.doi.org/10.1111/j.1365-246X.1994.tb03286.x)).

[13] *Erde – Tektonische Platten* (http://www.hoelzel.at/geojournal/ftp/vorlage/1999_01vorlage.doc). LISA - LehrerInnen InformationsSystem Austria, Ed. Hölzel, Wien 1999. (Word-Dokument).

[14] B. C. Horner-Johnson, R. G. Gordon, D. F. Argus: *Plate kinematic evidence for the existence of a distinct plate bewteen the NUbian and Somalian plates along the Southwest Indian Ridge.* In: *Journal of Geophys. Res.*, Bd. 112, 2007, B05418, doi: 10.1029/2006JB004519 (http://dx.doi.org/10.1029/2006JB004519)

Gebirgszug

Unter **Gebirgszug** versteht man eine Folge hoher Berg-Gipfel oder eine zusammenhängende **Bergkette** innerhalb eines größeren Gebirges. Der Begriff wird aber auch für langgestreckte Faltengebirge mit mehreren Parallelketten verwendet. Während im Hochgebirge die Begriffe Bergkette oder Gebirgszug üblich sind, spricht man im Mittelgebirge eher von Höhenzug oder Höhenrücken.

Die Karawanken, eine einzige lange Bergkette. Hier der Koschuta-Kamm bei Zell, Kärnten

Am häufigsten treten langgestreckte Bergketten bei Orogenen vom Typus des Faltengebirges (Auffaltung durch seitlichen Druck) und des Deckengebirges (Überschiebung dünner Gesteinspakete) auf. Andere Gebirgsarten wie Bruch- bzw. Horstgebirge oder Rumpfgebirge bilden kaum Parallelketten aus. Wenn hingegen ein Rumpfgebirge zu einem hochgelegenen Tafelland erodiert wird, kann eine fortschreitende Zertalung ebenfalls Bergketten entstehen lassen.

Entstehung paralleler Bergketten

Die kettenartige Anordnung der Gipfel und die Ausbildung langer, gezackter Bergkämme -- spanisch auch Sierra (Säge) genannt -- ist eine Folge der gemeinsamen Entstehung durch gebirgsbildende Kräfte. Die oft linienförmige Struktur hängt neben der Richtung dieser Schubkräfte und den resultierenden Gebirgsfalten oft auch mit geologischen Störungslinien der oberen Erdkruste zusammen, die zwischen einzelnen Bergketten verlaufen. In diesen Störungszonen ist das teilweise zerriebene Gestein leichter erodierbar, sodass es dort zur Bildung größerer Flusstäler kommt. Diese sogenannten Längstäler verstärken den bei jungen Orogenen vorhandenen Trend zur Ausbildung paralleler Bergketten zusätzlich.

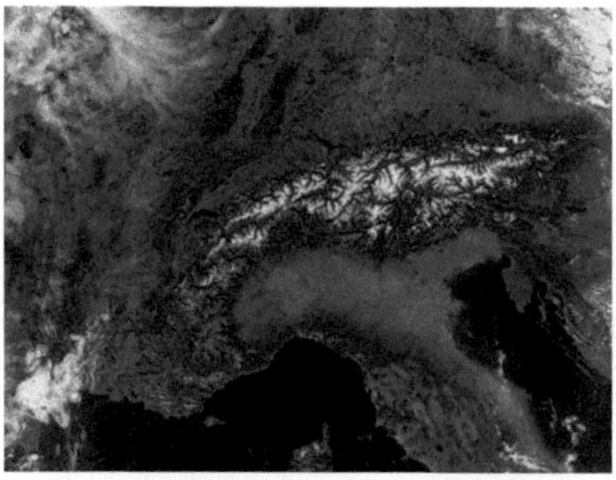

Auf diesem Satellitenbild der Alpen modelliert die Schneegrenze die einzelnen Gebirgszüge heraus

Dass vor allem Faltengebirge (z.B. die Kordilleren) zur Bildung annähernd paralleler Ketten tendieren, hängt mit ihrem Gesteinsaufbau und den Schubkräften der Plattentektonik zusammen. Die emporgepressten Gesteinspakete sind entweder magmatische Tiefengesteine, die durch ihre Wärme leicht verformbar sind, oder in den Synklinalen abgelagerte Sedimente oder Metamorphite mit wenig fester Struktur. Daher bildet das Orogen gefaltete, aus der horizontalen Lage umgebogene und seitlich zusammengeschobene Schichten. Die Längserstreckung der Falten steht senkrecht auf der Richtung des Seitenschubes. Ähnlich sind auch die Überschiebungsfalten eines Deckengebirges (z.B. die Zentralalpen) geformt.

Die weltweit anzutreffenden Falten-, Ketten- oder Deckengebirge sind zwar zu verschiedenen Zeiten der Erdgeschichte entstanden, einander im Entstehungsstadium aber morphologisch ähnlich. Härtere Gesteine bilden fortlaufende Grate oder Rücken, die dem Streichen der Schichten und Falten folgen. Die sich bildenden Ketten oder Rücken sind daher annähernd parallel zueinander. Sie werden nur von kurzen, meist engen Quertälern unterbrochen, die oft als Durchbruchstal entstehen. Im Laufe der Erdgeschichte bewirkt die Erosion durch Wasser, Eis und Wind, dass die höchsten Stellen der Bergkämme am schnellsten abgetragen werden und einzelne Gipfel oder Gipfelketten herausmodelliert werden. Dazwischen entstehen Einschnitte, die je nach Höhenlage und Gestein scharfkantige Scharten bilden, oder sanftere Gebirgspässe und Sättel.

Vorherrschende Gesteine und Bergformen

Decken- oder Faltengebirge mit ihren etwa parallelen Bergketten haben im Wesentlichen ein einheitliches geologisches Alter, können aber aus mehreren Gesteinsarten bestehen. So überwiegen in den Zentralalpen die granitischen Gesteine, Gneise und metamorphe Schiefer, während nördlich und südlich davon die Kalkalpen entstanden. Den Nördlichen Kalkalpen sind wiederum die weichen Flyschberge und die Molassezone vorgelagert.

Rest einer alten Bergkette in den Laramie Mountains, Colorado

Die Art der Gesteine prägt das Erscheinungsbild der Gebirgszüge sehr deutlich, weil die Erosion je nach Gesteinshärte und petrologischer Struktur zu sehr unterschiedlichen Formen führt. Eine Rolle spielen neben Höhenlage und Klima auch die Schichtung des Gesteins, Hangneigung und Exposition, Gewässertypen und geologische Störungslinien. Für harte Felsmassive typisch sind die schroffen Wände (z.B. der Dolomiten) und ihre gewaltigen Schuttkegel. Im Gegensatz dazu bilden sich bei Flysch oder Schiefer sanfte Bergformen und Kuppen, weil das Gestein kaum wasserdurchlässig, aber gut verformbar ist.

Siehe auch

- Orogenese, Tektonik
- Liste der größten Gebirge der Erde

Literatur

- *Wissen heute: Geologie.* Kaiser-Verlag, Firenze/Klagenfurt 1995
- *Der geologische Aufbau Österreichs.* Geologische Bundesanstalt, Springer-Verlag Wien/ New York
- PanGeo, *Erdwissenschaften in Österreich.* Tagungsband, 200 S., Sessionen zu Neogen, TRANSALP I und II. Univ. Salzburg 2005
- *Fischer-Lexikon Geographie*, p.101-129, Frankfurt 1959
- *Großer Weltatlas, Enzyklopädischer Teil* (Gebirgsbildung, Falten und Brüche, Kreislauf der Gesteine). Hrsg. ÖAMTC, Wien ~1980
- André Cailleux: *Der unbekannte Planet: Anatomie der Erde.* Kindlers Universitätsbibliothek, München 1968, Kap. 1 und 3
- *Gebirge* [1], in: *Lueger, Otto: Lexikon der gesamten Technik und ihrer Hilfswissenschaften, Bd. 4 Stuttgart, Leipzig 1906., S. 316* [2]*- 317* [3].

References

[1] http://www.zeno.org/Lueger-1904/A/Gebirge
[2] http://www.zeno.org/Lueger-1904/K/lueger-1904-041-0316
[3] http://www.zeno.org/Lueger-1904/K/lueger-1904-041-0317

Borja_(Gebirge)

Borja (kyrillisch: *Борја*) ist der Name eines zu den Ausläufern des Dinarischen Gebirges zählenden Höhenzuges in Bosnien und Herzegowina sowie einer gleichnamigen Ortschaft der hier gelegenen Stadt Teslić.

Das Gebirge reicht bis auf 1077 m Höhe und ist mit Mischwald bedeckt.

Das Borja-Gebirge ist durch seine dichte Bewaldung ein beliebtes Jagdgebiet. Skigebiete machen das Gebirge zu einem Ziel für Wintersportler. Die Wirtschaft wird durch die Holzindustrie bestimmt, deren Hauptunternehmen *AD Borja* in Teslić ist.

Borja

Koordinaten: 44° 35′ N, 17° 36′ O [1]

References

[1] http://toolserver.org/~geohack/geohack.php?pagename=Borja_%28Gebirge%29&language=de&params=44.5797222222_N_17.6083333333_E_region:BA_type:mountain(1077)

Borkenberge

Borkenberge	
Höchster Gipfel	Fischberg (133.3 m ü. NN)
Lage	Münsterland, Nordrhein-Westfalen
Teil der	Halterner Berge, Westmünsterland
Einteilung nach	Bundesanstalt für Landeskunde, BfN
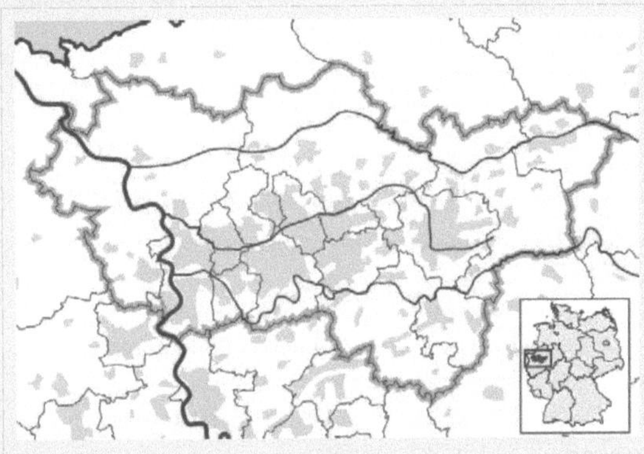	
Koordinaten	51° 45′ N, 7° 16′ O [1]Koordinaten: 51° 45′ N, 7° 16′ O [1]

Die **Borkenberge** sind ein bis 133.3 m ü. NN[2] hoher Höhenzug des Münsterlands auf den Gemarkungen Halterns (Kreis Recklinghausen, Westhälfte) und Lüdinghausens (Kreis Coesfeld, Osthälfte) und innerhalb des Naturparks Hohe Mark, Nordrhein-Westfalen (Deutschland). Die Gemarkung Dülmens (ebenfalls Kreis Coesfeld) wird im Norden nur berührt.[3]

Die Borkenberge sind Untereinheit der naturräumlichen Haupteinheit Westmünsterland der Haupteinheitengruppe Westfälische Bucht. Sie werden zusammen mit den Einheiten Hohe Mark (mit Rekener Kuppen) (westlich von Halterner Mühlenbach, Halterner Stausee und Stever-Mündungslauf)) und Haard (südwestlich von Stever nebst Hullerner Stausee und Lippe) auch unter der Bezeichnung Halterner Berge zusammengefasst.[4]

Geographische Lage

Die einige Kilometer nördlich des Ruhrgebiets im Ostteil des Naturparks Hohe Mark gelegenen Borkenberge befinden sich zwischen Dülmen-Süskenbrocksheide im Norden, Lüdinghausen-Seppenrade im Osten, Haltern-Hullern im Süden und dem Halterner Stadtteil Sythen im Westen. Sie liegen nordnordöstlich der Hügellandschaft Haard, östlich des Höhenzugs Hohe Mark und breiten sich südöstlich der A 43 aus. Im südlich angrenzenden Tal fließt die Stever, einem Zufluss der entlang des Wesel-Datteln-Kanals nach Westen fließenden Lippe (Stever-Mündungsfluss), durch die Stillgewässer Halterner Stausee und Talsperre Hullern.

Naturräumlich stoßen sie südlich und westlich an Teile des Halterner Tals, nördlich an die *Hausdülmener Niederung*, einen Teil der Merfelder Niederung, und nach Osten an Teile der benachbarten Haupteinheit Kernmünsterland. [5]

Geologie und Landschaftsbild

Die Borkenberge sind ein kleiner eiszeitlicher Höhenzug aus Sandstein, der fast vollständig von einem Truppenübungsplatz der britischen Rheinarmee bestimmt wird. Außer einer Ansiedlung an ihrem Nordrand in der Nähe des Flugplatz Borkenberge, der von vielen Flugvereinen und Freizeitpiloten genutzt wird, sind die Borkenberge völlig unbewohnt und werden von nur zwei Kreisstraßen durchquert.

Am Opferstein finden sich Felsbänke aus Sand der durch eine Mischung von Kieselsäure und farbigen Eisenverbindungen zementiert ist.

Auf dem Fischberg, der höchsten Erhebung der Borkenberge, befinden sich Fundamentreste eines ehemaligen Feuerwachturms aus Stahl. Der Turm existierte bis 1975 und wurde beseitigt, um den Übungsbetrieb auf dem Truppenübungsplatz nicht weiter zu stören.

Für weitere Geologie-Infos siehe auch Naturpark Hohe Mark.

Erhebungen

Zu den Erhebungen der Borkenberge gehören – sortiert nach Höhe in Meter über Normalnull (NN)[2] :

- Fischberg (133,3 m; mit Resten eines ehemaligen Feuerwachturms) – im Truppenübungsplatz etwas nördlich der Talsperre Hullern
- Rauher Berg (127,3 m) – im Truppenübungsplatz im Zentrum der Borkenberge
- Dillenberge (102,9 m) – im Truppenübungsplatz im Zentrum der Borkenberge
- Steinberg (85,1 m) – im Truppenübungsplatz südlich des Flugplatzes
- Jammerberg (77,3 m) – im Truppenübungsplatz etwas südlich des Flugplatzes
- Opferstein (75 m; mit markanter Sandsteinfelsformation)

Waldbrand

Am 23. Mai 2009 wurden etwa 12 ha Wald durch ein Feuer vernichtet. Aufgrund einiger Blindgänger auf dem Truppenübungsplatz gestalteten sich die Löscharbeiten schwierig. Der Brand wurde auch mit Hubschraubern des Heeres aus Rheine gelöscht.[6]

Einzelnachweise

[1] http://toolserver.org/~geohack/geohack.php?pagename=Borkenberge&language=de&params=51.7577777778_N_7.26555555556_E_dim:20000_region:DE-NW_type:mountain(133.3)

[2] Landesvermessungsamt Nordrhein-Westfalen (http://www.tim-online.nrw.de/tim-online/nutz.html)

[3] Kartendienste (http://www.bfn.de/0503_karten.html) des Bundesamtes für Naturschutz - Kartendienst „Schutzgebiete" macht die Grenzen der Haupteinheitengruppe („Naturräume") und der Haupteinheiten sowie Gemeindegrenzen einblendbar, der etwas gröbere Kartendienst „Landschaften" unterteilt die Naturräume noch etwas feiner.

[4] E. Meynen und J. Schmithüsen: Handbuch der naturräumlichen Gliederung Deutschlands - Bundesanstalt für Landeskunde, 6. Lieferung Remagen 1959 (insgesamt 9 Lieferungen in 8 Büchern 1953-1962, aktualisierte Karte 1:1.000.000 mit Haupteinheiten 1960)

[5] Geographische Landesaufnahme: Die naturräumlichen Einheiten auf *Blatt 95/96 - Kleve/Wesel* (Wilhelm von Kürten 1977, Osten) und *Blatt 97 - Münster* (Sofie Meisel 1960, Westen) - Bundesanstalt für Landeskunde, Bad Godesberg

[6] Bericht der Borkerner Zeitung vom 24. Mai 2009 (http://www.borkenerzeitung.de/aktuelles/muensterland/1063418_Grossbrand_in_Haltern_Gefaehrlicher_Einsatz_durch_explodierende_Munition.html)

Weblinks

- Naturraumkarten (http://geographie.giersbeck.de/karten/) aus den Einzelblättern 1:200.000 des *Bundesinstituts für Landeskunde* - die Borkenberge sind Einheit "544.5" auf
  - *Blatt 95/96 - Kleve/Wesel* (Osten)
  - *Blatt 97 - Münster* (Westen); dort am Westrand irrtümlich mit "544.1" bezeichnet!

Börzsöny

Börzsöny	
 Das Börzsöny von der Burgruine von *Nógrád* aus gesehen (Blick nach NW)	
Höchster Gipfel	Csóványos (938 m)
Lage	Komitate Pest und Nógrád, Ungarn
Teil der	Nördliches Ungarisches Mittelgebirge
Koordinaten	47° 50′ N, 18° 56′ O [1]Koordinaten: 47° 50′ N, 18° 56′ O [1]
Fläche	400 km²

Das **Börzsöny** [ˈbørʒøɲ], deutsch auch *Pilsengebirge*, ist ein Teil des Nördlichen Ungarischen Mittelgebirges im Karpatenvorland. Es ist vulkanischen Ursprungs. An einem ehemaligen Kraterrand befinden sich die höchsten Gipfel des Börzsöny, darunter auch der Csóványos ([ˈʧoːvaːɲoʃ]), der mit 938 m die höchste Erhebung des Mittelgebirges bildet. Das Gebiet erstreckt sich über etwa 400 km² und umfasst Teile der Komitate Pest und Nógrád. Der größte Teil des für seine Vielzahl an natürlichen Quellen bekannten Gebiets steht unter Naturschutz.

Geschichte

Die heutige Gestalt des Börzsöny formierte sich in der Zeit des Miozän vor 18–19 Millionen Jahren. Es besteht überwiegend aus vulkanischem Gestein. Am Rand des Mittelgebirges und an der Südseite des Beckens sind Sedimentgesteine zu finden. Die ursprüngliche Form wurde durch die Wirkung des einst herrschenden subtropischen Klimas stark abgetragen.

Bereits vor Jahrtausenden siedelten Menschen in diesem Gebiet. Noch heute sind die Spuren ihrer Anwesenheit sichtbar. Aus späterer Zeit sind zahlreiche Kirchen und Burgen in dem Gebiet zu finden, darunter die *Drégelyvár, Hont vára, Ipolydamásdi vár* oder die *Nógrádi vár*.

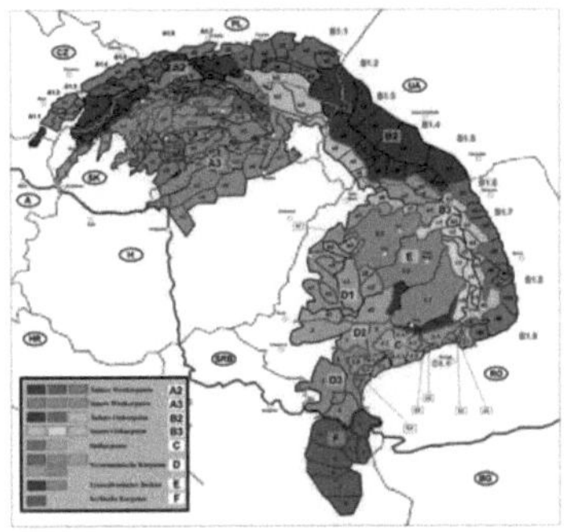

Das Börzsöny liegt im südwestlichsten Teil der Inneren Westkarpaten (grün)

Topographie

Das Börzsöny lässt sich in vier Teile untergliedern: *Magas-Börzsöny* („Hohes Pilsengebirge"), *Észak-Börzsöny* („Nördliches Pilsengebirge"), *Nyugat-Börzsöny* („Westliches Pilsengebirge") und *Déli-Börzsöny* („Südliches Pilsengebirge").

Magas-Börzsöny

Der mittlere Teil des Börzsöny hat sich in der Phase höchster vulkanischer Aktivität gebildet. Der Bergrücken erstreckt sich in nord-südlicher Richtung. Ihm gehören die höchsten Gipfel an:

- Csóványos (938 m)
- Magos-fa (916 m)
- Nagy-Hideg-hegy (865 m)
- Nagy-Inóc (813 m)

Észak-Börzsöny

Im Norden des Magas-Börzsöny bildet der *Kemence*-Bach die Grenze zum nördlichen Teil. Dessen Entstehungsgeschichte ist weniger eindeutig. Das Gebiet lässt sich weiter in zwei Hauptteile gliedern, die durch ein Tal voneinander getrennt sind. Der nördliche Teil besteht größtenteils aus Sedimentgestein, das bereits vor der vulkanischen Aktivität entstanden ist. Im Süden ist dagegen Lavagestein das vorherrschende Untergrundmaterial.

Nyugat-Börzsöny

Der westliche Teil des Mittelgebirges wurde durch ehemalige Schicht- und Schildvulkane geformt. Diese Gipfel erreichen meist eine Höhe von etwa 600 m.

Déli-Börzsöny

Im Süden sind wiederum Sedimentgesteine typisch. Hier bildet die Donau die Grenze zum Visegráder Gebirge.

Panorama im Börzsöny, Sommer 2005

Gewässer

Dank des hohen Niederschlags zeichnet sich das Börzsöny durch einen ausgesprochenen Reichtum an Gewässern aus. Das hydrogeographische Zentrum läuft auf das am höchsten gelegene Massiv des Csóványos zu. Von dort entspringen die wichtigsten wasserführenden Bäche, z. B. der *Kemence-patak*, der *Fekete patak* („Schwarzer Bach") oder der *Szén patak* („Kohle-Bach"). Wegen der geologischen Gegebenheiten und der damit einhergehenden Beschaffenheit der Oberfläche sind die oberirdischen Wasserläufe meist kurz und führen wenig Wasser.

Der mit 25,6 km längste und größte ständig Wasser führende Bach ist der *Kemence*-Bach. Der Name leitet sich vom slawischen Wort *kamenica* ab, das soviel wie „steiniges Flussbett" bedeutet. Er entspringt den Quellen der östlichen Seite des Csóványos. Das Wassereinzugsgebiet beträgt 107 km², die mittlere Abflussmenge liegt bei 294 l/s.

Herbst-Zeitlose im Tal des *Szén-patak*

Auf Grund der Dichte der Walddecke verdunsten beinahe 60 % der Niederschläge im Wald. Die meisten Wasserläufe speisen sich nicht aus den unstabilen und nur geringe Wassermengen fördernden Quellen, sondern aus der Schneeschmelze, aus den in regelmäßigen Zeitabständen fallenden Niederschlägen sowie aus den heftigen sommerlichen Gewitterregen. Die oft zu beobachtenden rapiden Änderungen im Wasserstand ergeben sich aus der geringen Wasserkapazität der Bäche, die wiederum vom vulkanischen Untergrundgestein herrührt. Im Gegensatz zu verkarsteten Kalksteingebirgen sickern Niederschläge nicht in die tieferen Bereiche des Gesteinsmaterials ein.

Von den 427 natürlichen Quellen, die im Kataster eingetragen sind, führen ungefähr 350 signifikante Wassermengen. Diese lassen sich in drei Haupttypen einordnen:

- *Talquellen*, die aus dem Sedimentgestein an einem Bergfuß entspringen
- *Schichtquellen*, die aus der sich am stärksten neigenden Flanke hervorspringen
- *Spaltquellen*, die aus Spalten im Inneren des Berges hervortreten

Der letzte Typ ist einer der besonderen Naturschätze des Börzsöny. Von den permanenten Spaltquellen befinden sich etwa 40 auf 600 m Höhe über dem Meeresspiegel. Die am höchsten gelegene Quelle liegt auf 850–900 m Höhe.

In der Berglandschaft gibt es keine größeren stehenden Gewässer natürlichen Ursprungs. In einigen Gebieten werden immer mehr Bäche in den Tälern mit Dämmen gestaut. Auf diese Weise werden verschiedene Funktionen erfüllende künstliche Seen angelegt. Außerdem sind die sogenannten Bombentrichter aus dem Zweiten Weltkrieg zu erwähnen. Sie sind heute als Feuchtbiotope anthropogenen Ursprungs von Bedeutung.

Unter den seltenen natürlichen stehenden Gewässern sind – besonders bei größeren Schneeschmelzen und in niederschlagsreichen Perioden – die temporär bestehenden Seen erwähnenswert. Dies lässt sich beispielsweise in der zwischen dem *Só-hegy* („Salzberg") und dem *Nagy-Sas-hegy* („Großer-Adler-Berg") gelegenen *Nagy-rét* („Große Au") beobachten.

Flora und Fauna

Ein geschützter Lurch: der Feuersalamander

Ein im Börzsöny photographierter Alpenbock

Der größte Teil des Börzsöny ist von Fichtenwald bedeckt, aber es sind auch hohe Eschen, Ulmen und Ahorne anzutreffen. Im Unterholz verstecken sich zahlreiche Arten wie z. B. Primeln, das Ausdauernde Silberblatt oder der Echte Seidelbast. Auf den Bergwiesen wechseln sich verschiedene Blumen und Gräserarten ab. Dominant sind der Goldhafer (siehe Liste der Gefäßpflanzen Deutschlands) und die Schneeweiße Hainsimse.

Zu der reichen Tierwelt des Gebiets gehört auch der Bestand an Großwild, darunter der Rothirsch, das Wildschwein, das Reh und auch das Mufflon. Häufig kommen Fasane, Füchse, Feldhasen, Dachse, Marder, Wiesel und Fischotter vor. Zu den Raubvögeln gehört der Östliche Kaiseradler, der Sakerfalke, der Sperber und der Habicht. Die bekanntesten Singvögel sind die Nachtigall, die Amsel und die Lerche. Die im Börzsöny lebenden Tierarten sind überwiegend geschützt, z. B. der Feuersalamander, der Alpenbock oder der als Hirtenhund eingesetzte Pyrenäen-Berghund.

Tourismus

Vom Csóványos aus erstreckt sich ein Panorama über das Donauknie. Das Gebiet um den Berg ist auch aus archäologischer Sicht interessant. Dort wurden die bereits erwähnten Überreste frühmenschlicher Siedlungen gefunden. Der Berg ist aus mehreren Richtungen zu erreichen.

- Von Verőce aus führen Wanderwege sowohl nach Süden als auch nach Westen.
- Von Kismaros kann man mit der *Királyréti Erdei Vasút*, einer der Schmalspurbahnen, nach Királyrét fahren.
- Aus Verőce-Magyarkút im Westen kommend, ist der Gipfel mit dem Zug nach Diósjenő zu erreichen.

Vác

Auch für Wintersport gibt es im Börzsöny Möglichkeiten. Auf dem *Nagyhideghegy* befindet sich eine Skipiste. Nach dem im Bükk gelegenen Bánkút bleibt dort der Schnee am zweitlängsten in Ungarn liegen.

Kirche in Perőcsény

Kleine Dörfer wie Nagybörzsöny bieten verschiedene Sehenswürdigkeiten. Dort ist die *Szent István templom* („Kirche des Heiligen Stephan“) aus dem 12. Jahrhundert zu besichtigen, sowie eine um 1700 von Bergleuten erbaute Kirche. Aus dem 19. Jahrhundert ist eine Wassermühle erhalten, deren Rad noch heute von den Wassern des Börzsöny angetrieben wird. In Zebegény wurde zur Erinnerung an den Maler István Szőnyi (1894–1960), dessen Hauptthemen Motive aus der näheren Umgebung und dem alltäglichen Leben der Bauern waren, ein Museum errichtet. Außerdem gibt es dort ein Trianon-Denkmal. Ebenfalls erwähnenswert ist Márianosztra, der Wallfahrtsort der *Magyarok Nagyasszonya* („Madonna der Ungarn“), wohin jeweils am ersten Wochenende der Monate Juli, September und Dezember Pilgerfahrten stattfinden. Das Börzsöny-Museum in Szob verfügt über eine ethnographische und eine naturgeschichtliche Sammlung. Die permanente Sammlung umfasst mehr als 24.000 Stücke. Die 1960 eröffnete Ausstellung bietet Einblicke in die Geschichte des Ortes und der Umgebung von der Neusteinzeit bis zur osmanischen Zeit.

Im Börzsöny kann die Umgebung mit verschiedenen Schmalspurbahnen erkundet werden:

- *Királyréti Erdei Vasút* („Waldbahn Királyrét“)
- *Nagybörzsönyi Erdei Vasút* („Waldbahn Nagybörzsöny“)
- *Kemencei Erdei Múzeumvasút* („Museumswaldbahn Kemence“)

Schmalspurbahn in *Kismaros*

Gemeinden im Börzsöny

- Bernecebaráti, Ipolydamásd, Ipolytölgyes, Kemence, Kismaros, Kóspallag, Letkés
- Márianosztra, Nagybörzsöny, Nagymaros, Nógrád, Nőtincs, Perőcsény, Rétság
- Szob, Szokolya, Tésa, Verőce, Vác, Vámosmikola, Zebegény

Weblinks

- *Nördliche Burgen und Schlösser (Börzsöny-Cserhát).* [2] Die Radreisendatenbank, abgerufen am 18.11.2008 (deutsch).
- *Egy ködös nap a Dunakanyarban („Ein nebliger Tag am Donauknie“).* [3] Picasa Web Album, 7. Dezember 2007, abgerufen am 18.11.2008 (ungarisch).

References

[1] http://toolserver.org/~geohack/geohack.php?pagename=B%C3%B6rzs%C3%B6ny&language=de&params=47.829752_N_18.9349365_E_dim:26000_region:HU-PE/HU-NO_type:mountain(938)
[2] http://www.fahrradreisen.de/radwege/r605.htm
[3] http://picasaweb.google.com/aenchen84/EgyKDSNapADunakanyarban
[4] http://hu.wikipedia.org/w/index.php?title=B%C3%B6rzs%C3%B6ny&oldid=2429834
[5] http://hu.wikipedia.org/w/index.php?title=B%C3%B6rzs%C3%B6ny&action=history

Bramwald

Der **Bramwald** ist ein bis 408.1 m ü. NN[1] hohes Mittelgebirge im Weserbergland in Niedersachsen (Deutschland). Er ist eine Berg-, Natur- und Waldlandschaft.

Blick von der Bramburg auf den Bramwald, im Tal die Weser und der Hemelner Dorfteil Glashütte

Geographie

Sturmschäden durch Orkan Kyrill

Der Bramwald im Nordwesten des Naturparks Münden liegt in Südniedersachsen etwa 20 km (Luftlinie) westlich von Göttingen bzw. 5 km nördlich der Kernstadt von Hann. Münden. Er liegt östlich des oberen bzw. südlichen Abschnitts der Oberweser, an deren westlichem Ufer sich der weitläufige Reinhardswald in Nordhessen befindet. Nördlich wird der Bramwald durch den Solling (genauer durch den *kuppigen Solling*, naturräumliche Einheit Nr. 3701) begrenzt, wobei die Schwülme die beiden Gebiete voneinander trennt.[2] Jeweils etwas entfernt im Osten erhebt sich der Dransfelder Stadtwald und im Süden der Kaufunger Wald.

Der langgestreckte Bramwald liegt im Bereich des Staatsforstes des Forstamtes Münden.[3] Sein höchster Berg ist der Totenberg (408 m), der abseits im Norden des Waldgebiets liegt und von einem weitläufigen Naturschutzgebiet umgeben ist.

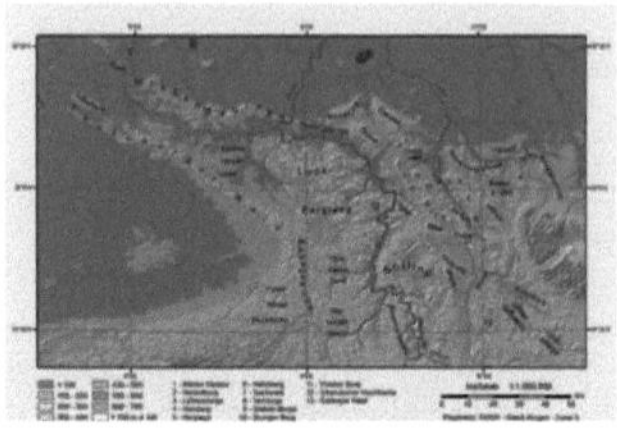
Bramwald südlich des Solling

Berge

Zu den Bergen und Erhebungen des Bramwalds gehören ohne solche des Kiffings – sortiert nach Höhe in Meter (m) über Normalnull (NN)[1]:

Schutzhütte im Bramwald am Waldweg *Lange Bahn*

- Totenberg (408.1 m), mit Naturschutzgebiet *Totenberg*
- Heidelberg (ca. 402 m), mit Sendeturm
- Klingenberg (399.5 m)
- Hünenkopf (388.5 m), mit Bramburg und einer Hünenburg
- Sandberg (382.3 m)
- Klagesberg (ca. 381 m)
- Vaaker Berg (380.1 m)
- Speerberg (ca. 378 m)
- Schiffberg (377.4 m)
- Klingenberg (ca. 373 m)
- Hüttenberg (360.3 m)
- Lange Lieth (345.5 m)
- Spiekerberg (312.5 m)
- Mühlberg (ca. 212 m)

Fließgewässer

Im und am Bramwald befinden sich unter anderem diese überwiegend in West-Ost-Richtung verlaufenden Fließgewässer:

Bramwald, Mündung der Quarmke in die Nieme

- Hasselgraben – entspringt im Nordteil des Walds und mündet in den Thielebach
- Hessenbach – entspringt im äußersten Nordteil des Walds, fließt nach Nordosten und gehört zum Einzugsgebiet der Schwülme
- Nieme – entspringt im Bramwald, bildet später seine nördliche Grenze und mündet in die Weser
- Rehbach – mündet in die Nieme
- Schede – entspringt im Südteil des Walds, passiert ihn südlich und mündet in die Weser
- Schwülme – entspringt im Solling, verläuft ca. 3 km nordöstlich des Bramwalds und mündet in die Weser

- Thielebach – entspringt im Solling, verläuft später nördlich des Bramwalds und mündet in die Weser
- Weser – entsteht südlich des Walds durch den Zusammenfluss von Fulda und Werra und passiert ihn im Westen

Sehenswertes

Zu den Sehenswürdigkeiten, Natur- und Kulturdenkmälern des Bramwalds gehören:

- Ruine Bramburg (zwischen Hemeln und Glashütte)
- Hinüberbuche (östlich von Vaake)
- Hedwigseiche (nördlich von Volkmarshausen)
- mehrere Hügelgräber (z. B. östlich von Vaake)
- die Wallburg Hünenburg nahe der Bramburg (zwischen Hemeln und Glashütte)
- Köhler-Liesel-Hütte (südlich des Totenbergs)
- Märchenbuche (zwischen Hemeln und Glashütte)
- Quarzitblöcke (östlich von Hemeln)
- Quarzitblöcke am Voßköppel (nordwestlich von Bühren)
- Schwedenschanze (nordwestlich von Volkmarshausen)
- Totenberghäuschen (nördlich des Totenbergs)
- Wilhelm-Magerkurt-Eiche (östlich von Hemeln)

Bergfried der Bramburg

Ortschaften

Der eigentliche Bramwald ist unbewohnt, nur an seinen Rändern liegen Ortschaften.

- im Norden:
    - Fürstenhagen (Stadtteil von Uslar)
- im Osten:
    - Mielenhausen (Stadtteil von Hann. Münden)
    - Bühren (Gemeinde)
    - Niemetal (Gemeinde mit den Dörfern Ellershausen und Löwenhagen)
- im Süden:
    - Hilwartshausen (Stadtteil von Hann. Münden)
    - Gimte (Stadtteil von Hann. Münden)
    - Volkmarshausen (Stadtteil von Hann. Münden)
- im Westen:
    - Hemeln (Gemeinde mit Bursfelde und Glashütte; Stadtteil von Hann. Münden)
    - Reinhardshagen (Gemeinde mit den Dörfern Veckerhagen und Vaake am anderen bzw. westlichen Weser-Ufer in Nordhessen)
- im Nordwesten:
    - Oberweser (mit den Dörfern Gottstreu und Gieselwerder am anderen bzw. westlichen Weser-Ufer und Oedelsheim in Nordhessen)

Teichanlage an der Rohrmühle bei Hemeln

Verkehrsanbindung und Wandern

Durch den Bramwald, der in West-Ost-Richtung von einem Abschnitt des Frau-Holle-Pfads und in Nord-Süd-Richtung von einem solchen des Upland-Weserbergland-Wegs durchzogen ist, führen wenige schmalen Straßen, so zum Beispiel ein Abschnitt der Landesstraße 560, die Hemeln und Reinhardshagen im Westen mit Niemetal-Ellershausen im Osten verbindet und auf der ein Stück der *Frau-Holle-Route* der Deutschen Märchenstraße durch das Waldgebiet verläuft.

Wegweiser im Bramwald

Einzelnachweise

[1] Kartendienste (http://www.bfn.de/0503_karten.html) des BfN

[2] J. Hövermann: Die naturräumlichen Einheiten auf Blatt 99 Göttingen. Bad Godesberg, 1963. Weblink: http://geographie.giersbeck.de/karten/099-I.jpg.Abgerufen am 1. April 2011.

[3] Übersichtskarte Niedersächsisches Forstamt Münden (PDF) (http://www.landesforsten.de/fileadmin/doku/Benutzergruppen/Muenden/Karte_Forstamt_M_nden.pdf). Abgerufen am 1. April 2011.

Koordinaten: 51° 30′ N, 9° 39′ O

Article Sources and Contributors

Apennin *Source*: http://de.wikipedia.org/w/index.php?title=Apennin *Contributors*: 1001, Baldhur, Bierdimpfl, Carol.Christiansen, Clemensfranz, Complex, Crux, Elwe, Fomafix, Golopolo, HaeB, Hermannthomas, Herrick, Herzi Pinki, Howwi, Hozro, IP-Nummer, Iste Praetor, Jed, Johnny789, Lucarelli, Löschfix, MAYA, Markus Schweiß, Mschlindwein, Mundartpoet, Nameless23, Noclador, Ottocarotto, Philipendula, Pottok, Raboe001, Rdb, Scops, Sepia, Sextant, Skriptor, Slimguy, Speifensender, Supermartl, Svíčková, Tk, Tobias Scheuer, Tönjes, Umweltschützen, Vodimivado, Wulf Isebrand, YourEyesOnly, Zoph, Ĝù, 43 anonymous edits

Kristall *Source*: http://de.wikipedia.org/w/index.php?title=Kristall *Contributors*: 790, Ads, Aglarech, Alexander Z., Amaasbier, Ben-Zin, Björn Bornhöft, Bricktop1, Brudersohn, Brusel, Ce2, Chd, Chrischan, ChristianGlaeser, Christoffel, Commander.White, Conversion script, Crux, D, Deepwave, Del45, DerHexer, Diba, Don Magnifico, Drahreg01, El, Eppers, ErikDunsing, Euku, Fedi, Flominator, Fomnkie, Frankee 67, Fredo 93, Haruspex, Henward, Howwi, Hydro, IGEL, Informatiker, Inkowik, Itta, Jdiemer, Jetti.van.wook, Juesch, KaPe, Kai11, Kam Solusar, Karl-Henner, Kein Einstein, Kku, Kolossos, Krawi, Kurmis, LKD, Leyo, Lioemo, Littl, MaRoKa, Mabschaaf, MarianSz, Martin-vogel, Meister-Mini, Mineraloge, Mnh, Muck123, Muck31, OB-LA-DI, Obersachse, Odyssee, Ot, Peter200, Peterlustig, Pfalzfrank, Philipendula, Pit, Pittimann, Polluks, Proxima, Pstaudt-fischbach, Ra'ike, RacoonyRE, Regi51, Rho, Robert Huber, Romanm, Rubblesby, Rupert Pupkin, STBR, Saperaud, Sbaitz, Schewek, Schpoe, Schusch, Schwalbe, Scooter, Sechmet, Slick, Small Axe, Solid State, Spuk968, Stefan Kühn, Terabyte, Thomasgl, Tim Pritlove, Tuck, Ulrich.fuchs, UvM, Uwe Gille, Vulkan, WAH, Websterdotcom, Wickie, Wnme, Wst, Wurzeldrei, Xocolatl, Youandme, YourEyesOnly, €pa, 165 anonymous edits

Tonminerale *Source*: http://de.wikipedia.org/w/index.php?title=Tonminerale *Contributors*: (127.0.0.1), Aglarech, Aineias, Asdrubal, Bdk, Beek100, Birger Fricke, Cepheiden, Christian Dekant, Conversion script, D, Daaavid, Der Lange, Diwas, Engeser, Fouk, Fristu, Geoz, Grandy02, Horst74, Ilja Lorek, Inkowik, Jackobli, Janstr, Jmsanta, Jo Weber, Jordi, Karl-Henner, Kasselklaus, Korinth, LKD, Lehmputz Österreich, Mario todte, Mike Krüger, Mikue, Mineraloge, Polis Tyrol, Ra'ike, Ralph Schuette, Regi51, Riadismet, Robodoc, Siehe-auch-Löscher, Stkrumm, Tetris L, Turnvater Jahn, Utukki, W!B:, Wst, Zethaut, 53 anonymous edits

Mergel *Source*: http://de.wikipedia.org/w/index.php?title=Mergel *Contributors*: 25, A.Savin, Ahoerstemeier, AndreasE, ChristophDemmer, ChristophRullich, Concept1, Conny, Crux, Diba, Elwe, Empro2, Engeser, Euku, Faltenwolf, Feloidea, Geoz, Grabenstedt, Hannes Röst, HenrikHolke, Hildegund, Ilja Lorek, Ims, Janneman, Jivee Blau, Jo Weber, Laszlovszky András, Markscheider, Marlowe, Mikue, Numbo3, Oberfoerster, Obersachse, Paco001, Parakletes, Pelz, Peter Schüle, Philipendula, Rick, RobertLechner, Schusch, Srtxg, TomCatX, W!B:, Wildfeuer, Wolfgang1018, YourEyesOnly, 22 anonymous edits

Schiefer *Source*: http://de.wikipedia.org/w/index.php?title=Schiefer *Contributors*: A1000, Aglarech, Aktions, Alfred Löhr, Amga, AndreasPraefcke, Ardo Beltz, Asdfj, Avron, BJ Axel, BKSlink, Barnack, Bernard Ladenthin, Bianco, Biotom, Blah, Bradt, Buzi, Bärski, Caronna, Chaddy, Chefzapp, Christian1985, ChristophDemmer, Crux, DSD, DaB., Darkone, Der Messer, DerHexer, Diorit, Don Magnifico, EPei, Easyractor, Eifelkenner, Elian, Ephraim33, Farino, Fraehttt, Geiserich77, Gerolsteiner91, Gloooooo, Goldzahn, GordonKlimm, Grabenstedt, H2OMy, Haffitt, He3nry, HelgeRieder, Herbert Ortner, Herzi Pinki, Hoss, Hubertl, Humni, IgorPodolskiy, Jed, Jesi, Jivee Blau, Jo Weber, Jordi, Kallewirsch, Karl Gruber, Knowme, Krawi, Land's End, Lawa, Linus, LuckyStarr, Lysippos, MalteAhrens, Markscheider, Markus Schweiß, Mary83, Matthias, Michael w, Millbart, Mushummel, Natürlich, Nb, Noogle, Norbert Kaiser, Ohno, Paco001, PaulVIF, Pediaknowledge, Perohanych, Peter200, Philipendula, Pittimann, Pjacobi, Placebo1, Prankster de, Quirin, Ra'ike, Ramessos, Regi51, Riki1979, Rjh, Rjr, Roßbacher, Rr2000, S.Didam, Schieferfan, Schlauchen ebt, SchwarzerKrauser, Stefanie Lindener, Styko, Thomm, Thorsten1, TomAlt, Tsor, Tulipanos, Uwe Gille, Uwe Rumberg, WAH, Windharp, Wisapi, Zaibatsu, Zenit, Zollernalb, Ásgeir, 164 anonymous edits

Sandstein *Source*: http://de.wikipedia.org/w/index.php?title=Sandstein *Contributors*: Aglarech, Akalos, Alma, BJ Axel, Bdk, Bradt, Brudersohn, Cethegus, Chrisfrenzel, Ckeen, D, Daniel Stoffer, DasBee, Defrenrokorit, Der.Traeumer, Docfeelgood3, Don Magnifico, Elwe, Engeser, ErikDunsing, Eschweiler, Fahrenkrog, Flassig Reiner, Florian Adler, Fortress, Generator, GeorgHH, Grabenstedt, Heinte, Herbertweidner, Hubertl, Hyperion, JFKCom, Jahn Henne, Joe Watzmo, Jürgen Engel, Kandschwar, Keigauna, Keil, Kibert, Kirschblut, Krawi, Krokofant, Langec, Liberal Freemason, LosHawlos, Lysippos, Mardas90, MarkusHagenlocher, Martin Aggel, Media lib, Michael w, Mike Krüger, Montauk, Mussklprozz, Nd, Norbert Kaiser, Oberfoerster, Obersachse, Olaf Studt, OttoK, Paco001, Paddy, Patrick1974, Pirnscher Mönch, Pitichinaccio, Pittimann, Pjacobi, Presse03, R. Nackas, Ra'ike, Regi51, Revvar, Rick, Robert Weemeyer, Roll-Stone, Roo1812, Rudolf Pohl, Rüdiger, Saxo, Schmei, Schmidti, Semper, Siehe-auch-Löscher, Simplicius, Sinn, Stechlin, Steffen Kaufmann, Svíčková, The Boogie Man, Timk70, Tobi B., TomAlt, Udimu, Unsterblicher, Uwe Gille, VincentVanGogh, Watzmann, Wolfgang H., 66 anonymous edits

Dolomit_(Gestein) *Source*: http://de.wikipedia.org/w/index.php?title=Dolomit_%28Gestein%29 *Contributors*: Aglarech, Alex1011, Attention, Augiasstallputzer, AxelHH, Bdk, Bubo bubo, CMEW, Christian Kiefer, Christian Kiefer Freudenburg, Conciliator, Cookie58, Der.Traeumer, Diorit, Dr.cueppers, Engeser, Extensive, Fahrenkrog, FelixReimann, Fester franz, Flassig Reiner, Geher, Geolr, GiordanoBruno, Grabenstedt, Heckenkiller, Hubertl, HubiB, Ingo Herber, JFKCom, JuTa, KaPe, Karl-Henner, Koelle, Kookaburra, Leyo, Liesbeth, M.L, Manfred M. Weigend, ManfredK, Markscheider, Martin-vogel, Martinl, Meister-Mini, Mike Krüger, Paco001, Philipendula, Pittimann, Ra'ike, RobertLechner, Roll-Stone, Steevie, Svíčková, TomCatX, Ulme, Urdenbacher, Wojtek 1956, Zenit, 49 anonymous edits

Kalkstein *Source*: http://de.wikipedia.org/w/index.php?title=Kalkstein *Contributors*: Aglarech, Aka, Avoided, AxelHH, BJ Axel, Barras, Bdk, BesondereUmstaende, Birnkammer fabian, Blauer elephant, Boonekamp, Bradt, Capriccio, Chd, Church of emacs, Claaser, Clemfix, Coatilex, Complex, Dansker, Dapete, Denis Barthel, DerGraueWolf, DerHexer, Diba, Diwas, Du Huhn du!, Dundak, Emmridet, Engeser, Enslin, ErikDunsing, EwinderKahle, Fahrenkrog, Farbstift, Fester franz, Flassig Reiner, Fomafix, Fun4us, GenJack, Geolina163, Grabenstedt, Guisquil, Gurt, H-stt, Herbye, Hoo man, Hubertl, InDepth, Inkowik, Jivee Blau, Jo Weber, Johamar, JuTa, Junkermike, KaPe, Kaisersoft, Karl Gruber, Karl-Henner, Korinth, Krawi, Kubura, LKD, Laibwächter, Leyo, Lienhard Schulz, Logograph, Luidger, Lysippos, MalteAhrens, Martin-vogel, Michael w, Mnh, Moguntiner, MovGP0, NEUROtiker, O.Koslowski, OsGr, Oxymoron83, PDD, Paco001, Pendulin, Peter adamicka, Peter200, Pittimann, Queryzo, Ra'ike, Rauenstein, Renekaemmerer, ReqEngineer, Revvar, Roll-Stone, Romanm, Roo1812, Rudflodur, Rufus46, STBR, Saehrimnir, Saxo, Schönwetter, Scorer1991, Silenus, Spacerup, Speleo, Spuk968, Star Flyer, Supermartl, Tesslo, Thomy3k, TomCatX, Tsor, TuerckD, Tönjes, Ulikat, Umweltschützen, Unsterblicher, Ustill, VerwaisterArtikel, W!B:, WAH, Wikigi, YourEyesOnly, Yoursmile, Zeitan, Zumthie, 133 anonymous edits

Eurasische_Platte *Source*: http://de.wikipedia.org/w/index.php?title=Eurasische_Platte *Contributors*: Arbeo, Bohr, Chpfeiffer, ChrisiPK, Drachentoeter, Faber-Castell, Fecchi, Goldzahn, Hedwig Storch, J'88, JARU, Jo Weber, Markus Mueller, Mu ma, Rémih, San Jose, StYxXx, ThomasPusch, Tobias1983, Valentim, Volvoc, Zahnstein, Zellreder, 4 anonymous edits

Afrikanische_Platte *Source*: http://de.wikipedia.org/w/index.php?title=Afrikanische_Platte *Contributors*: Aka, Arbeo, Atamari, Bohr, Cepheiden, ChrisiPK, Ciciban, Faber-Castell, Florian Huber, Gerbil, Iwoelbern, KureCewlik81, Lysippos, Markus Mueller, Rémih, San Jose, Sven-steffen arndt, ThomasPusch, Wikiwikiwikinger, Zahnstein, 3 anonymous edits

Gebirgszug *Source*: http://de.wikipedia.org/w/index.php?title=Gebirgszug *Contributors*: 1001, Andres, Aquilius, Bahar101, Basamoyo, BerndGehrmann, Brühl, Don Magnifico, Elwe, Entlinkt, Fah, FlugTurboFan, Geof, H-stt, HaSee, Herzi Pinki, Kai11, Karl Gruber, LeszekKrupinski, Markscheider, Quasimodo, Rudolf Pohl, Saehrimnir, Sascha Brück, Schekinov Alexey Victorovich, SibFreak, Sicherlich, Speifensender, Svíčková, Turbonachsichter, Uwe Gille, Wahldresdner, Wolfgang1018, Xavax, 6 anonymous edits

Borja_(Gebirge) *Source*: http://de.wikipedia.org/w/index.php?title=Borja_%28Gebirge%29 *Contributors*: 2e1a0, Herzi Pinki, Hewa, J budissin, Mazbln, Nikkis, Rigadoun, Thomas S., 3 anonymous edits

Borkenberge *Source*: http://de.wikipedia.org/w/index.php?title=Borkenberge *Contributors*: Brühl, Dachbewohner, Elop, Haneburger, Langläufer, MIBUKS, Markus Schweiß, NatiSythen, Netnet, ONAR, Pittimann, RobertLechner, Srbauer, TOMM, XRay, 17 anonymous edits

Börzsöny *Source*: http://de.wikipedia.org/w/index.php?title=B%C3%B6rzs%C3%B6ny *Contributors*: AHZ, Aka, AlMa77, Antissimo, Blah, Cactus26, Christian Lindecke, Complex, Feinschreiber, Feloidea, Herzi Pinki, JuTa, Meichs, Reti, Robert Illes, Rufus46, Svíčková, Vodimivado, Århus, 4 anonymous edits

Bramwald *Source*: http://de.wikipedia.org/w/index.php?title=Bramwald *Contributors*: 08-15, 1001, AHZ, Atamari, AxelHH, Bochum-Linden, Bötsy, Don Magnifico, Frankee 67, Fuzzy, Gauss, Gebu, Helmut Zenz, Hydro, Hystrix, Kaeng, Langläufer, MIBUKS, Michael32710, Nifoto, Presse03, Purple acid, Ratzer, Septembermorgen, Srbauer, Stefan Kühn, TOMM, Video2005, W. Edlmeier, Zeuke, 10 anonymous edits

Image Sources, Licenses and Contributors

Bild:Italy topographic map-blank.svg *Source*: http://de.wikipedia.org/w/index.php?title=Datei:Italy_topographic_map-blank.svg *License*: unknown *Contributors*: User:Sting

Bild:Aerial photographs of Italy 2009 07 (RaBoe).jpg *Source*: http://de.wikipedia.org/w/index.php?title=Datei:Aerial_photographs_of_Italy_2009_07_(RaBoe).jpg *License*: unknown *Contributors*: Ra Boe

Datei:Pietra bismantova.jpg *Source*: http://de.wikipedia.org/w/index.php?title=Datei:Pietra_bismantova.jpg *License*: unknown *Contributors*: Mac9, Paolo da Reggio, 2 anonymous edits

Datei:Campo Imperatore 02 Panorama(RaBoe).jpg *Source*: http://de.wikipedia.org/w/index.php?title=Datei:Campo_Imperatore_02_Panorama(RaBoe).jpg *License*: unknown *Contributors*: Ra Boe

Datei:NaCl polyhedra.png *Source*: http://de.wikipedia.org/w/index.php?title=Datei:NaCl_polyhedra.png *License*: unknown *Contributors*: User:Solid State

Datei:Rock salt crystal.jpg *Source*: http://de.wikipedia.org/w/index.php?title=Datei:Rock_salt_crystal.jpg *License*: unknown *Contributors*: w?odi from Szczecin, Poland

Datei:Penrose Tiling (P1).svg *Source*: http://de.wikipedia.org/w/index.php?title=Datei:Penrose_Tiling_(P1).svg *License*: unknown *Contributors*: User:Inductiveload

Datei:Kristall med.jpg *Source*: http://de.wikipedia.org/w/index.php?title=Datei:Kristall_med.jpg *License*: unknown *Contributors*: M. Zellner, Uni KA Original uploader was MaRoKa at de.wikipedia

Datei:NaCl fcc rhom.png *Source*: http://de.wikipedia.org/w/index.php?title=Datei:NaCl_fcc_rhom.png *License*: unknown *Contributors*: User:Del45, User:Solid State

Datei:Riesenkristall.jpg *Source*: http://de.wikipedia.org/w/index.php?title=Datei:Riesenkristall.jpg *License*: unknown *Contributors*: Kilom691, Kmarka, 1 anonymous edits

Datei:Quartz - Agateplate, redbrown-white.jpg *Source*: http://de.wikipedia.org/w/index.php?title=Datei:Quartz_-_Agateplate,_redbrown-white.jpg *License*: unknown *Contributors*: User:Ra'ike

Datei:Clay-ss-2005.jpg *Source*: http://de.wikipedia.org/w/index.php?title=Datei:Clay-ss-2005.jpg *License*: unknown *Contributors*: Didiervberghe, Siim

Datei:Montmorillonit.svg *Source*: http://de.wikipedia.org/w/index.php?title=Datei:Montmorillonit.svg *License*: unknown *Contributors*: Andreas Trepte

Datei:Tongrube.JPG *Source*: http://de.wikipedia.org/w/index.php?title=Datei:Tongrube.JPG *License*: unknown *Contributors*: User:Asdrubal

Datei:Bunter_Mergel.jpg *Source*: http://de.wikipedia.org/w/index.php?title=Datei:Bunter_Mergel.jpg *License*: unknown *Contributors*: Maksim

Datei:Col St Jean (Marnes bleues) 3.JPG *Source*: http://de.wikipedia.org/w/index.php?title=Datei:Col_St_Jean_(Marnes_bleues)_3.JPG *License*: unknown *Contributors*: Jo Weber, Kevmin, Philipendula

Datei:Col St Jean (Marnes bleues) 3 F.JPG *Source*: http://de.wikipedia.org/w/index.php?title=Datei:Col_St_Jean_(Marnes_bleues)_3_F.JPG *License*: unknown *Contributors*: Jo Weber, Kevmin, Philipendula

Datei:Schiefer anstehend.jpg *Source*: http://de.wikipedia.org/w/index.php?title=Datei:Schiefer_anstehend.jpg *License*: unknown *Contributors*: Original uploader was Caronna at de.wikipedia

Datei:Schiefer-Schist.jpeg *Source*: http://de.wikipedia.org/w/index.php?title=Datei:Schiefer-Schist.jpeg *License*: unknown *Contributors*: Der Messer. http://de.wikipedia.org/wiki/Benutzer:Der_Messer

Datei:Schiefer1001.jpg *Source*: http://de.wikipedia.org/w/index.php?title=Datei:Schiefer1001.jpg *License*: unknown *Contributors*: Benutzer:Diorit

Datei:Schiefer2001.jpg *Source*: http://de.wikipedia.org/w/index.php?title=Datei:Schiefer2001.jpg *License*: unknown *Contributors*: Benutzer:Diorit

File:Schiefer schwarz+weiss.JPG *Source*: http://de.wikipedia.org/w/index.php?title=Datei:Schiefer_schwarz+weiss.JPG *License*: unknown *Contributors*: Alfred Löhr

Datei:Bundesarchiv Bild 183-R99806, Thüringen, Schieferbruch.jpg *Source*: http://de.wikipedia.org/w/index.php?title=Datei:Bundesarchiv_Bild_183-R99806,_Thüringen,_Schieferbruch.jpg *License*: unknown *Contributors*: Covânt, Lofor

Datei:bergwerk-fell-hoffnung.jpg *Source*: http://de.wikipedia.org/w/index.php?title=Datei:Bergwerk-fell-hoffnung.jpg *License*: unknown *Contributors*: HelgeRieder, Ies, OsamaK, 2 anonymous edits

Datei:bergwerk-fell-stollen2.jpg *Source*: http://de.wikipedia.org/w/index.php?title=Datei:Bergwerk-fell-stollen2.jpg *License*: unknown *Contributors*: HelgeRieder, OsamaK, 2 anonymous edits

Datei:ro-Schiefer.jpg *Source*: http://de.wikipedia.org/w/index.php?title=Datei:Ro-Schiefer.jpg *License*: unknown *Contributors*: Original uploader was Roßbacher at de.wikipedia

Datei:Schieferabbau Übertage.JPG *Source*: http://de.wikipedia.org/w/index.php?title=Datei:Schieferabbau_Übertage.JPG *License*: unknown *Contributors*: Original uploader was Stefanie Lindener at de.wikipedia

Datei:Bethesda-Mine-07367u.jpg *Source*: http://de.wikipedia.org/w/index.php?title=Datei:Bethesda-Mine-07367u.jpg *License*: unknown *Contributors*: Anatiomaros, Bdk, Cchene, Herbert Ortner, Infrogmation, Jan Arkesteijn, Nagy, Skipjack, 2 anonymous edits

Datei:Schieferhaus.jpg *Source*: http://de.wikipedia.org/w/index.php?title=Datei:Schieferhaus.jpg *License*: unknown *Contributors*: Christine Türpitz, Philipendula, Prankster, R. Engelhardt, Warburg

Datei:Boppard_Weinhaus_Römerburg.JPG *Source*: http://de.wikipedia.org/w/index.php?title=Datei:Boppard_Weinhaus_Römerburg.JPG *License*: unknown *Contributors*: E.peiffer@gmx.net. Original uploader was EPei at de.wikipedia

Datei:SchieferGoslar.jpg *Source*: http://de.wikipedia.org/w/index.php?title=Datei:SchieferGoslar.jpg *License*: unknown *Contributors*: User:Ramessos

Datei:BG Hamburg Schiefermauer.jpg *Source*: http://de.wikipedia.org/w/index.php?title=Datei:BG_Hamburg_Schiefermauer.jpg *License*: unknown *Contributors*: Michael Wolf

Datei:Schiefer-Hausnummer.jpg *Source*: http://de.wikipedia.org/w/index.php?title=Datei:Schiefer-Hausnummer.jpg *License*: unknown *Contributors*: Riki1979

Datei:Kirche_wurzbach.jpg *Source*: http://de.wikipedia.org/w/index.php?title=Datei:Kirche_wurzbach.jpg *License*: unknown *Contributors*: User:Covânt

Datei:Sandstein1.jpg *Source*: http://de.wikipedia.org/w/index.php?title=Datei:Sandstein1.jpg *License*: unknown *Contributors*: Benutzer:Grabenstedt

Datei:The Wave, Paria Canyon, Arizona.jpg *Source*: http://de.wikipedia.org/w/index.php?title=Datei:The_Wave,_Paria_Canyon,_Arizona.jpg *License*: unknown *Contributors*: Jim Gordon

Datei:Sandsteine.jpg *Source*: http://de.wikipedia.org/w/index.php?title=Datei:Sandsteine.jpg *License*: unknown *Contributors*: Michael Wolf

Datei:Pferchfeldturm-Südwand 7034.jpg *Source*: http://de.wikipedia.org/w/index.php?title=Datei:Pferchfeldturm-Südwand_7034.jpg *License*: unknown *Contributors*: Rüdiger Kratz, St. Ingbert

Datei:Sandsteinformation in garden of the gods.jpg *Source*: http://de.wikipedia.org/w/index.php?title=Datei:Sandsteinformation_in_garden_of_the_gods.jpg *License*: unknown *Contributors*: Ulrich Koberg

Datei:SaechsischeSchweiz-1.jpg *Source*: http://de.wikipedia.org/w/index.php?title=Datei:SaechsischeSchweiz-1.jpg *License*: unknown *Contributors*: BLueFiSH.as, Martinroell, Nordelch, Umherirrender, 1 anonymous edits

Datei:Sandsteinbrueche-Ostermundigen-1.jpg *Source*: http://de.wikipedia.org/w/index.php?title=Datei:Sandsteinbrueche-Ostermundigen-1.jpg *License*: unknown *Contributors*: Erich Iseli

Datei:Heidelberg-Schloß.JPG *Source*: http://de.wikipedia.org/w/index.php?title=Datei:Heidelberg-Schloß.JPG *License*: unknown *Contributors*: Pumuckel42 (Reinhard Wolf) at

Datei:Trockenmauer Sandstein.jpg *Source*: http://de.wikipedia.org/w/index.php?title=Datei:Trockenmauer_Sandstein.jpg *License*: unknown *Contributors*: User:Speakers

Datei:USA 10096-7-8 HDR Antelope Canyon Luca Galuzzi 2007.jpg *Source*: http://de.wikipedia.org/w/index.php?title=Datei:USA_10096-7-8_HDR_Antelope_Canyon_Luca_Galuzzi_2007.jpg *License*: unknown *Contributors*: User:Lucag

Datei:7092 pieskovna Dolinka pri Hradisti pod Vratnom dolomit.JPG *Source*: http://de.wikipedia.org/w/index.php?title=Datei:7092_pieskovna_Dolinka_pri_Hradisti_pod_Vratnom_dolomit.JPG *License*: unknown *Contributors*: User:Pelex

Datei:Salzhemmendorfer Dolomit.jpg *Source*: http://de.wikipedia.org/w/index.php?title=Datei:Salzhemmendorfer_Dolomit.jpg *License*: unknown *Contributors*: Roll-Stone

Datei:Felseinlagerung am barmstoa.jpg *Source*: http://de.wikipedia.org/w/index.php?title=Datei:Felseinlagerung_am_barmstoa.jpg *License*: unknown *Contributors*: Thomas R. Koll (= user TomK32)

Datei:Seven Sisters 02.JPG *Source*: http://de.wikipedia.org/w/index.php?title=Datei:Seven_Sisters_02.JPG *License*: unknown *Contributors*: User:Wolfgang glock

Datei:Stinkkalk Marsberg.JPG *Source*: http://de.wikipedia.org/w/index.php?title=Datei:Stinkkalk_Marsberg.JPG *License*: unknown *Contributors*: User:MBO163

Datei:Kalksteinerp.jpg *Source*: http://de.wikipedia.org/w/index.php?title=Datei:Kalksteinerp.jpg *License*: unknown *Contributors*: User:Zeitan

Datei:Kalkstein mit Crinoiden.jpg *Source*: http://de.wikipedia.org/w/index.php?title=Datei:Kalkstein_mit_Crinoiden.jpg *License*: unknown *Contributors*: Original uploader was Grabenstedt at de.wikipedia

Datei:Aq Callian.jpg *Source*: http://de.wikipedia.org/w/index.php?title=Datei:Aq_Callian.jpg *License*: unknown *Contributors*: Joadl, Lysippos, Royonx, Satrughna, Ulrichstill

Datei:Mares Bild 11.JPG *Source*: http://de.wikipedia.org/w/index.php?title=Datei:Mares_Bild_11.JPG *License*: unknown *Contributors*: Wuselwurm

Datei:Kalkstein rot.jpg *Source*: http://de.wikipedia.org/w/index.php?title=Datei:Kalkstein_rot.jpg *License*: unknown *Contributors*: Benutzer:Grabenstedt

Datei:Kehlstein verkarsteter dachsteinkalk.jpg *Source*: http://de.wikipedia.org/w/index.php?title=Datei:Kehlstein_verkarsteter_dachsteinkalk.jpg *License*: unknown *Contributors*: User:MBO163

Datei:Limestone quarry near Orosei.jpg *Source*: http://de.wikipedia.org/w/index.php?title=Datei:Limestone_quarry_near_Orosei.jpg *License*: unknown *Contributors*: Michael J. Zirbes (= user Mijozi)

Datei:Gislövshammar.jpg *Source*: http://de.wikipedia.org/w/index.php?title=Datei:Gislövshammar.jpg *License*: unknown *Contributors*: User:Jorchr

Datei:Burren (dusi bbg).jpg *Source*: http://de.wikipedia.org/w/index.php?title=Datei:Burren_(dusi_bbg).jpg *License*: unknown *Contributors*: dusi_bbg

Datei:Pamukkale 2006.jpg *Source*: http://de.wikipedia.org/w/index.php?title=Datei:Pamukkale_2006.jpg *License*: unknown *Contributors*: Mila Zinkova

Datei:Mares Bild 1.JPG *Source*: http://de.wikipedia.org/w/index.php?title=Datei:Mares_Bild_1.JPG *License*: unknown *Contributors*: Wuselwurm. Original uploader was Wuselwurm at de.wikipedia

Bild:Tectonic plates de.png *Source*: http://de.wikipedia.org/w/index.php?title=Datei:Tectonic_plates_de.png *License*: unknown *Contributors*: Fabienkhan, Kyro, San Jose, Santosga, 1 anonymous edits

File:Zwischen Krafla und Leirhnjúkur 5931.JPG *Source*: http://de.wikipedia.org/w/index.php?title=Datei:Zwischen_Krafla_und_Leirhnjúkur_5931.JPG *License*: unknown *Contributors*: User:Hedwig Storch

Datei:Zell-Pfarre Peiner Kobla 01.jpg *Source*: http://de.wikipedia.org/w/index.php?title=Datei:Zell-Pfarre_Peiner_Kobla_01.jpg *License*: unknown *Contributors*: Johann Jaritz

Datei:Satellitenaufnahme der Alpen.jpg *Source*: http://de.wikipedia.org/w/index.php?title=Datei:Satellitenaufnahme_der_Alpen.jpg *License*: unknown *Contributors*: Jacques Descloitres, MODIS Rapid Response Team, NASA/GSFC

Datei:Vedauwoo Rocks in winter.jpg *Source*: http://de.wikipedia.org/w/index.php?title=Datei:Vedauwoo_Rocks_in_winter.jpg *License*: unknown *Contributors*: User:MONGO

File:Planina Borja Teslic.jpg *Source*: http://de.wikipedia.org/w/index.php?title=Datei:Planina_Borja_Teslic.jpg *License*: unknown *Contributors*: User:2e1a0

Datei:Regionalverband Ruhr location map 03.svg *Source*: http://de.wikipedia.org/w/index.php?title=Datei:Regionalverband_Ruhr_location_map_03.svg *License*: unknown *Contributors*: User:TUBS

Bild:Okt 22.jpg *Source*: http://de.wikipedia.org/w/index.php?title=Datei:Okt_22.jpg *License*: unknown *Contributors*: User:Horvabe

Datei:Divisions_of_the_Carpathians.png *Source*: http://de.wikipedia.org/w/index.php?title=Datei:Divisions_of_the_Carpathians.png *License*: unknown *Contributors*: Meichs

Datei:Borzsony, Hungary, landscape, panorama.jpg *Source*: http://de.wikipedia.org/w/index.php?title=Datei:Borzsony,_Hungary,_landscape,_panorama.jpg *License*: unknown *Contributors*: User:Cserlajos

Datei:Kikerics2005 10 08.jpg *Source*: http://de.wikipedia.org/w/index.php?title=Datei:Kikerics2005_10_08.jpg *License*: unknown *Contributors*: User:Susulyka

Datei:Szalamandra.jpg *Source*: http://de.wikipedia.org/w/index.php?title=Datei:Szalamandra.jpg *License*: unknown *Contributors*: Alensha, Feloidea, Orchi

Datei:RosaliaAlpinaHu.jpg *Source*: http://de.wikipedia.org/w/index.php?title=Datei:RosaliaAlpinaHu.jpg *License*: unknown *Contributors*: Amba, Antissimo, Bittez, Multichill, Serinde, 1 anonymous edits

Datei:Vac1.jpg *Source*: http://de.wikipedia.org/w/index.php?title=Datei:Vac1.jpg *License*: unknown *Contributors*: User:Ediedi

Datei:Perőcsény légifotó.jpg *Source*: http://de.wikipedia.org/w/index.php?title=Datei:Perőcsény_légifotó.jpg *License*: unknown *Contributors*: User:Civertan

Datei:Hungary Kismaros kisvasuut1.jpeg *Source*: http://de.wikipedia.org/w/index.php?title=Datei:Hungary_Kismaros_kisvasuut1.jpeg *License*: unknown *Contributors*: Antissimo, FBöbe, Herbert Ortner, JolietJake (Hu), Syp, Tryphon

Bild:Bramwald von Bramburg.jpg *Source*: http://de.wikipedia.org/w/index.php?title=Datei:Bramwald_von_Bramburg.jpg *License*: unknown *Contributors*: Original uploader was AxelHH at de.wikipedia

Bild:Bramwald 04.jpg *Source*: http://de.wikipedia.org/w/index.php?title=Datei:Bramwald_04.jpg *License*: unknown *Contributors*: User:Presse03

Datei:Karte Niedersaechsisches Bergland.jpg *Source*: http://de.wikipedia.org/w/index.php?title=Datei:Karte_Niedersaechsisches_Bergland.jpg *License*: unknown *Contributors*: Bdk, David Kernow, Langläufer, Remi, TUBS, Wst, 4 anonymous edits

Bild:Bramwald 01.jpg *Source*: http://de.wikipedia.org/w/index.php?title=Datei:Bramwald_01.jpg *License*: unknown *Contributors*: User:Presse03

Bild:Nieme 04.jpg *Source*: http://de.wikipedia.org/w/index.php?title=Datei:Nieme_04.jpg *License*: unknown *Contributors*: User:Presse03

Bild:Bramburg.jpg *Source*: http://de.wikipedia.org/w/index.php?title=Datei:Bramburg.jpg *License*: unknown *Contributors*: --Langläufer 20:24, 15. Feb. 2007 (CET) Original uploader was Langläufer at de.wikipedia

Bild:Bramwald Rohrmühle.jpg *Source*: http://de.wikipedia.org/w/index.php?title=Datei:Bramwald_Rohrmühle.jpg *License*: unknown *Contributors*: User:Presse03

Bild:Bramwald 06.jpg *Source*: http://de.wikipedia.org/w/index.php?title=Datei:Bramwald_06.jpg *License*: unknown *Contributors*: User:Presse03